ALLES ALPAKA ODER WAS?

Was du schon immer über die liebenswerten, sanften, flauschigen Zeitgenossen wissen wolltest

Haftungsausschluss

Autor und Verlag haben den Inhalt dieses Buches mit großer Sorgfalt und nach bestem Wissen und Gewissen zusammengestellt. Für eventuelle Schäden an Mensch und Tier, die als Folge von Handlungen und/oder gefassten Beschlüssen aufgrund der gegebenen Informationen entstehen, kann dennoch keine Haftung übernommen werden.

Gender-Erklärung

Aus Gründen der besseren Lesbarkeit verzichten wir im Cadmos-Verlag auf die gleichzeitige Verwendung der Sprachformen männlich, weiblich und divers (m/w/d) und wählen jeweils die männliche oder weibliche Form von personenbezogenen Hauptwörtern. Dies soll jedoch keinesfalls eine Geschlechterdiskriminierung oder eine Verletzung des Gleichheitsgrundsatzes zum Ausdruck bringen. Frauen, Männer und Diverse mögen sich von den Inhalten unserer Publikationen gleichermaßen angesprochen fühlen.

Impressum

LANDLEBEN im CADMOS Verlag

Covergestaltung, grafisches Konzept und Satz: Gerlinde Gröll, www.cadmos.de

Fotos am Umschlag: Nadine Malzkorn (Bildbearbeitung: Hantsch PrePress Services OG)

Fotos im Buchkern, die mit dem Credit „Nadine Malzkorn" gekennzeichnet sind, mussten für den Druck retuschiert und nachbearbeitet werden.

Illustrationen: Shutterstock/Drawlab19, Mitoria, omichka, Pikovit

Lektorat: Christine Weidenweber

Druck: www.graspo.com

Deutsche Nationalbibliothek – CIP-Einheitsaufnahme

Die Deutsche Nationalbibliothek verzeichnet diese Publikation in der Deutschen Nationalbibliografie; detaillierte bibliografische Daten sind im Internet über http://dnb.ddb.de abrufbar.

Printed in EU

ISBN: 978-3-8404-3065-7

MARTIN SBOSNY-WOLLMANN
SABINE WOLLMANN

ALLES ALPAKA ODER WAS?

Was du schon immer
über die liebenswerten, sanften,
flauschigen Zeitgenossen wissen wolltest

LANDLEBEN

WIR LIEBEN UNSERE ALPAKAS

„Spucken die, treten die, kann ich auf denen reiten, kann ich die Tiere kuscheln?" Diese und andere Fragen werden uns täglich bei unserer tiergestützten Arbeit zu den kleinen Andenkamelen gestellt.
Beim ersten Kontakt mit Alpakas haben die meisten Menschen noch keine Informationen über die Tiere oder sogar ganz falsche Vorstellungen, die ziemlich oft durch die sozialen Medien geistern.
Wir möchten mit diesem Buch Antworten auf die vielen Fragen rund um Alpakas geben, interessante und spannende Geschichten erzählen und mit nicht alltäglichen Fakten und Anekdoten von unse-

Foto © Nadine Malzkorn

ren Tieren unterhalten und dich ganz nah an unsere Alpakas heranlassen. Das ist in der freien Begegnung mit diesen sogenannten Distanztieren nämlich nicht immer möglich. Wir schreiben bewusst kein Fach- oder Sachbuch, das sich an langjährige Halter und Züchter der Tiere richtet. Unser Buch soll Menschen ansprechen, die wie wir selbst vor vielen Jahren nach einem Zoobesuch und dem ersten indirekten Kontakt mit diesen wundervollen Tieren gesagt haben: „Die sind ja süß, die wollen wir auch".

Was damals aus Spaß so dahingesagt war, wurde Realität und nach unzähligen Seminaren und vielen direkten Kontakten zu Züchtern und den Tieren ist die Haltung von Alpakas für uns nunmehr seit zehn Jahren zu einer wahren Leidenschaft geworden. In unserer tiergestützten pädagogischen Arbeit mit den Kindern und Jugendlichen unserer Jugendhilfeeinrichtung sind die Alpakas eine wunderbare Unterstützung und Bereicherung.

„Begleite uns in die Welt der Andenkamele – oder wie ein Gastkind sagte „Giraffenschafe" – und lass dich von ihrem Charme und ihrer Sanftheit in den Bann ziehen."

INHALT

INHALT

Foto © Nadine Malzkorn

ALPAKAS!

Wuscheliger Kopf auf majestätisch langem Hals?

Na klar, das ist ein Alpaka.

Aber woher stammen die Tiere eigentlich, mit wem sind sie verwandt, was macht ein Alpaka aus?

Auf den nächsten Seiten erfährst du mehr!

WAS DU SCHON IMMER WISSEN WOLLTEST … ?

Die Andenkamele

Alpakas *(Vicugna pacos)* sind sogenannte Neuwelt- oder Andenkamele und gehören als Säugetierfamilie in die Ordnung der Paarhufer und dort in die Untergruppe der Schwielensohler. Ihre Wildform ist das Vikunja. Vikunjas leben in den Anden, einer Bergkette in Südamerika, in bis zu einer Höhe von 4.800 Metern. In der freien Wildbahn wurden sie aufgrund ihres feinen Felles gejagt und bis in die 70er Jahre geschossen. Heute sind die Vikunjas geschützt und Produkte aus ihrem Vlies sind nur zertifiziert zu bekommen. Ihr Vlies wird zu einer der begehrtesten und teuersten Wolle der Welt verarbeitet und wird auch das „Gold aus den Anden" genannt. Vikunjas werden nur alle zwei Jahre geschoren.

Früher und heute

Schon während der Zeit der Inkas vor 6.000 Jahren waren Alpakas wichtige Woll- und Fleischlieferanten. Heute werden sie hauptsächlich in Peru, Chile, Bolivien und Argentinien in Herden gehalten. Mitte des 19. Jahrhunderts kamen die hübschen Tiere nach Europa und werden nun schon seit über 50 Jahren hier gezüchtet und als Freizeit-, Haus- und auch als Nutztier zur Wollgewinnung gehalten.

Die Familie

Bei den Alpakas wird zwischen Huacaya-Alpaka und Suri-Alpaka unterschieden und die unterscheiden sich vor allem auch in ihrem Vlies.

- Das Vlies der Huacayas sollte idealerweise stark gekräuselt sein – das nennt man crimp – und eine große Dichte besitzen. Die Faser hat eine gute thermische Eigenschaft. Sie wärmt bei Kälte und kühlt bei großer Hitze. Huacaya-Alpakas sind weltweit am meisten vertreten.
- Suri-Alpakas wirken eher schmaler und kleiner. Die Wollfaser der Suris besteht aus langen, leicht gewellten Faserbündeln, die am Körper parallel herabhängen. Auf dem Rücken scheiteln sich die Fasern. Suris stellen zwar weltweit nur etwa 7 % der Gesamtpopulation von Alpakas dar, wegen ihrer wertvollen Wollfaser werden sie aber immer häufiger gezüchtet.

Auf unserem Sternschnuppenhof halten wir ausschließlich Huacaya-Alpakas, deshalb spielen sie in unserem Buch natürlich die Hauptrolle.

Echt interessant!

Die letzte Zählung von Vikunjas erfasste 200.000 Tiere. Produkte aus dem Vlies von Vikunjas durften früher nur von hohen Adligen getragen werden.

Wenn du es genau wissen willst: Alpaka-Steckbrief

Widerristhöhe	Ca. 75-100 cm
Normalgewicht	Ca. 50-80 kg
Lebenserwartung	Ca. 20-25 Jahre
Farbvariationen	Weiß, Beige, Braun, Rehbraun, Grau, Schwarz, mehrfarbig, gescheckt und gepunktet
Ohren	Wie eine Speerspitze geformt
Hals und Stirn	Auch der Hals ist üppig bewollt, die Stirn deutlich abgesetzt
Wolle	Einheitlich weiches Vlies mit feiner Kräuselung; meistens fehlen die Grannenhaare

Foto © Nadine Malzkorn

Wusstest du, dass ...

... das feine Fell der Alpakas als Vlies bezeichnet wird?

Aufgepasst

Schau beim Kauf eines Produktes aus Vikunjawolle bitte erstmal auf das Etikett. Dort sollte nämlich der Hinweis „legally sheared" zu finden sein. Dadurch weißt du, dass die Vikunjawolle aus kontrollierten Projekten stammt. Ist das nicht der Fall, mach lieber einen großen Bogen um das Produkt.

Vicunjas - die wilden Vorfahren der Alpakas. Foto © Shutterstock/ Stephanie_antonia

Das Alpaka: Fragen über Fragen

Oh ja, es gibt noch viel mehr Interessantes über die kleinen „Giraffenschafe" zu erzählen und zu berichten. Wie und was sehen sie? Wann und warum spucken Alpakas? Und wieso kannst du sie nicht streicheln. Die Antworten auf ein paar deiner häufigsten Fragen findest du auf den nächsten Seiten.

Sind Alpakas Neu- oder Altweltkameliden?

Neuweltkameliden haben keinen Höcker. Alpakas, Lamas und die Wildformen Guanakos und Vikunjas gehören also zur Gattung der Neuweltkameliden. Die Altweltkameliden haben Höcker und sind in die Arten Dromedar und Trampeltier aufgeteilt. Der Oberbegriff für alle Gattungen ist aber: Kamel.

Sieht es nicht sehr majestätisch aus, dieses stark bewollte Huacaya Alpaka? Foto © Shutterstock/Margo Harrison

Wusstest du, dass ...

... Alpakas sehr gut zielen können und bis zu drei Metern weit spucken?

Lamas, wie diese Stute mit ihrem Fohlen, sind die größeren Verwandten der Alpakas.
Foto © Shutterstock/Inesmeierfotografie

Kann man ein Alpaka als Haustier halten?

Alpakas sind Herdentiere und möchten mit mehreren Artgenossen zusammenleben. Unsere kleine Herde bestand anfangs aus den beiden Wallachen Heinz und Chewbacca. Nur zu zweit haben sie sich noch nicht besonders wohl gefühlt, doch nachdem weitere Tiere dazu gekommen sind, entspannten die beiden sichtlich. Wir trennen unsere Alpakas in zwei Gruppen je sechs Tiere. In einer Gruppe stehen die Stuten zusammen, in der anderen Gruppe die Wallache. Die Gruppen haben untereinander Sichtkontakt und können sich beschnuppern. Warum wir die Tiere trennen, das erfährst du auf Seite 67.

Kann man Alpakas streicheln?

Alpakas sind Distanztiere und keine Streicheltiere. Sie liegen entfernt voneinander auf der Weide und betrei-

Ein Suri Alpaka erkennt man am längeren Vlies.
Foto © Shutterstock/Roger Bishop

Aufgepasst

Lamas und Alpakas kannst du ganz schnell erkennen, wenn du einen Blick auf die Ohren wirfst. Alpakas haben Ohrformen wie Speerspitzen, während Lamaohren wie Bananen geformt sind.

ben auch keine gemeinsame Fellpflege, wie z.B. unsere Esel. Die Stuten liegen nur mit ihren eigenen Fohlen enger nebeneinander. Obwohl Alpakas sehr neugierig sind und dicht an den Zaun kommen, weichen sie sofort zurück, wenn du versuchst sie anzufassen. Wir können einzelne Tiere berühren, doch andere weichen auch vor uns zurück. Sie unterscheiden sehr genau zwischen Menschen, die sie schon länger kennen und Fremden. Auf den Wanderungen halten sie ihre selbst gewählte Distanz zu den menschlichen Mitwanderern ein und wir achten darauf, dass sich auch die Menschen daran halten. Einige unserer Tiere würden sich von dir, nachdem ihr ein ganzes Stück zusammen gewandert seid, vorsich-

Wusstest du, dass ...

... das Dromedar einen Höcker hat und das Trampeltier zwei?

Nicht verwechseln: Dromedare haben nur einen Höcker ... Foto © Shutterstock/Nikola Cedikova

.. und Trampeltiere haben zwei Höcker. Foto © Shutterstock/Dirk M. de Boer tig am Hals berühren lassen. So kannst du spüren wie weich das Fell ist. Nachdem du sie einmal kurz berühren durftest, bedanke dich bei ihnen und lass sie in Ruhe. Unsere Alpakas zeigen dir sonst sehr eindeutig, wann es ihnen reicht. Und damit kommen wir zum Spucken.

Können Alpakas spucken?

Alpakas können spucken. Da du aber nicht zur Herde gehörst, spucken dich Alpakas selten einfach so an. Es sind ja höfliche Tiere. Wir bekommen allerdings schon hin und wieder mal einen Spuck ab. Wenn wir gerade Heu auffüllen und alle wollen sofort fressen, geht die Spuckerei los und wir stehen mittendrin. Das finden wir aber nicht so nicht schlimm, da in diesem Moment nur ein bisschen Heu durch die Gegend gesprüht wird. Alpakas spucken sich untereinander an, wenn es z.B. um Rangordnung, Futter oder Distanz geht. Natürlich würden sie auch uns Menschen anspucken, wenn sie sich bedrängt fühlen oder Angst haben. Wenn Alpakas richtig sauer sind kommt nicht nur der Sprühstoß zum Einsatz, sondern es wird schon Vergorenes wieder hochgeholt und gespuckt. Das stinkt ziemlich und ist eine grüne „Pampe". Nach dem Spucken stehen Alpakas mit leicht geöffnetem Maul herum. Es sieht so aus, als ob sie diesen Geschmack selber unangenehm finden.

Chewbacca macht gerne Geräusche. Foto © Nadine Malzkorn

Kann man auf Alpakas reiten?

Alpakas sind keine Reittiere. Wir werden oft gefragt, ob Kinder auf ihnen reiten können. Doch schau dir mal die dünnen Beinchen an. Damit kann man sich diese Frage eigentlich schon selber beantworten. Alpakas wurden nie als Lastentiere eingesetzt.

Welche Geräusche machen Alpakas?

Alpakas können summen. Mit diesem „mmmmmmh" in unterschiedlichen Tonlagen und Lautstärken kommunizieren sie miteinander. Man muss seine Tiere schon gut kennen und beobachten, um herauszufinden, was sie gerade damit „sagen" wollen: Sind sie zufrieden oder sauer, rufen sie ihre Fohlen oder sind genervt. Einige unserer Tiere summen oft während der ganzen Wanderung, von anderen hört man kein Geräusch. Sie summen auch vor der Wanderung, wenn wir schon aufgehalftert haben, aber noch einiges erklären müssen.

Dann quatschen wir ihnen wahrscheinlich einfach zu viel. Ein anderes Geräusch könnte man als „Orgeln" bezeichnen. Dieses Geräusch hört man beim Deckakt. Alpakas können auch einen Warnschrei ausstoßen. Bei diesem Geräusch hast du das Gefühl, dir platzen die Ohren. Meistens stoßen diesen Warnruf Chewbacca oder Nelli aus. Sie sehen oder hören etwas, das sie nicht einschätzen können und warnen dann die ganze Herde. An unsere Hunde haben sie sich gewöhnt. Doch wenn fremde Hunde auf dem Hof sind, werden sie unruhig und rufen

Sehr interessant!

Echte Wiederkäuer haben vier voneinander getrennte Mägen: den Pansen, den Netzmagen, den Blättermagen und den Labmagen. Rinder, Schafe und Ziegen sind Wiederkäuer, aber auch Hirsche und Antilopen.

die Herde. Alle schauen dann erst einmal was los ist und ob Gefahr droht.

Wie viel und was sehen Alpakas?

Alpakas haben wunderschöne riesengroße Augen, die in freier Wildbahn überlebenswichtig sind. Fluchttiere haben die Augen seitlich am Kopf und dadurch ein großes Sehfeld. Sie sehen sogar, wenn sich hinter ihnen Feinde anschleichen. Unser Wallach Chewbacca steht sehr gerne auf einem Hügel und beobachtet die Umgebung, um die Herde bei auftretenden Gefahren zu warnen. Tagsüber sehen Alpakas sehr gut, in der Dämmerung werden sie aber unruhig und wollen an ihrem Stall bleiben. Deshalb vermuten wir, dass sie in der Dämmerung und Dunkelheit nicht gut sehen können.

Haben Alpakas auch ein Klo?

Na klar, sie sind nicht nur höflich, sondern auch reinlich. Alpakas nutzen eine bestimmte Stelle als „Toilette". Alle Tiere der Herde benutzen dann nur diese Stelle und lassen nicht auf der ganzen Weide etwas fallen. Sie machen sehr ungern auf den Wanderungen ihr „Geschäft", sondern warten bis wir wieder an der Weide angekommen sind. Dort siehst du sie dann oft in einer Schlange stehen und abwarten, bis sie dran sind. Müssen sie auf einer langen Wanderung doch mal, dann versuchen sie eine Pfütze zu finden, um da hinein zu koten.

Sind Alpakas Wiederkäuer?

Alpakas kauen zwar ihre Nahrung wieder und besitzen wie die Wiederkäuer einen mehrhöhligen Magen. Diese Abschnitte des Magens nennt man bei Kameliden Kompartimente. Bei den „richtigen" Wiederkäuern haben die Abschnitte eigene Namen. Alpakas zählen nicht zur Gruppe der Wiederkäuer.

Was fressen Alpakas?

Alpakas ernähren sich von Gras, Kräutern und gutem Heu. Auch ein Salz-Leckstein und Mineralfutter sollten zur Verfügung gestellt werden.

Grasen zählt zur Hauptbeschäftigung. Foto @ iStock/johnsfon

Wie alt können Alpakas werden?

Alpakas können zwischen 20 und 25 Jahre alt werden. Unsere ältesten Tiere, Heinz und Chewbacca, sind zehn Jahre alt. Wir werden unsere kleine Herde also hoffentlich noch lange haben.

Aufgepasst

Die spanische Bezeichnung für Stuten ist Hembra, für Hengste Macho, für Wallache Castrado und Cria für Fohlen.

Foto © Nadine Malzkorn

- Was Alpakas fressen,
- wie viel Weidefläche sie benötigen,
- wie hoch die Zäune sein müssen …

Wer Alpakas selber halten will, muss eine Menge über die Tiere und auch sonst wissen.

Züchter Gregor Schwermann mit seiner Alpakaherde. Foto © Nadine Malzkorn

Bevor es losgeht

Du hast jetzt schon eine ganze Menge über Alpakas gelesen. Wenn du jetzt daran denkst, selber Alpakas zu halten, dann brauchst du erst einmal jede Menge Informationen, die dir den Anfang erleichtern und dir helfen, den Tieren ein artgerechtes Leben zu ermöglichen. Wir haben einiges nicht gewusst, als wir mit der Alpakahaltung begonnen haben und würden das eine oder andere heute anders machen. Deshalb gibt es nun von uns einige Tipps für dich als Einsteiger und natürlich viel Interessantes für alle, die sich für Alpakas interessieren.

Aufgepasst

Gute Seminare werden beispielsweise von Züchtern angeboten, aber auch bei der nwk-akademie oder bei Aelas kannst du lohnende Einsteigerseminare buchen. Schau einfach auf Seite 96 nach, da gibt es nähere Informationen.

Von Seminaren, Scheinen und Weiterbildungen

Um erst einmal ins Thema einzusteigen, raten wir dir unbedingt, mindestens ein Grundlagen-Seminar zu besuchen. Falls du deine Alpakas für Wanderungen oder bei Projekten in sozialen Einrichtungen nutzen möchtest, benötigst du einen Sachkundenachweis, wenn die Tiere gewerblich transportiert werden, wird außerdem ein Transportschein gebraucht. Um den Nachweis und den Schein zu erhalten muss eine schriftliche und mündliche Prüfung abgelegt werden. Martin hat die 16-monatige berufsbegleitende Weiterbildung zur Fachkraft für „tiergestützte Intervention" am Institut für soziales Lernen mit Tieren in der Wedemark erfolgreich absolviert. Dieses Institut ist Mitglied der International Association of Human-Animal Interaction Organizations (IAHAIO), die Weiterbildung ist seit 2008 zertifiziert durch die International Society for Animal Assisted Therapy (ISAAT). Bei dem für uns zuständigen Kreisveterinäramt hat diese Schulung ausgereicht, um eine Erlaubnis für das gewerbsmäßige Halten von Alpakas zu bekommen.

Wusstest du, dass ...

... bei einer tiergestützten Intervention (TGI) bewusst Tiere in Gesundheitsfürsorge, Pädagogik und Sozialer Arbeit integriert werden, um therapeutische Verbesserungen bei Menschen zu erreichen?

Wir bekommen regelmäßig Besuch vom Kreisveterinäramt, dabei wird unsere Tierhaltung und das Herdbuch begutachtet und die Erlaubnis zur Haltung der Tiere verlängert. In einem Herdbuch wird alles Wichtige über das betreffende Tier notiert, z.B. wann es geschoren wurde, wann welche Medikamente verabreicht wurden. Willst du die Alpakas nicht gewerbsmäßig halten, brauchst du diese Erlaubnis natürlich nicht. Trotzdem ist es sehr wichtig, ein Grundlagen-Seminar zu besuchen. Erst nach so einem Seminar solltest du entscheiden, ob du wirklich Alpakas halten möchtest, denn erst dann weißt du, ob du die Tiere auch artgerecht unterbringen und versorgen kannst.

Ein guter Tierarzt

Ganz wichtig: Du brauchst einen guten Tierarzt, der sich mit Alpakas auskennt oder sich einarbeiten würde und zwar schon, bevor die Tiere bei dir einziehen. Wir waren noch auf der Suche nach einem Tierarzt, da hat unsere

Möchtest du mit deinen Alpakas Wanderungen machen? Lass dich vom Züchter beraten, welche Tiere sich eignen. Foto © Nadine Malzkorn

Mara – wir wussten nicht, dass sie es konnte – die Futtertonne geöffnet, indem sie darauf herumgetrampelt ist, und sich überfressen. Du kannst dir bestimmt vorstellen, wie panisch wir waren. Wir telefonierten mit der Klinik für kleine Klauentiere der Tierärztlichen Hochschule in Hannover. Die dortigen Ansprechpartner beruhigten uns und gaben uns erste Informationen, wie wir uns verhalten sollen. „Wenn das Alpaka in der nächsten Stunde ein bisschen Heu frisst, ist das Schlimmste überstanden", teilten sie uns mit. „Wenn das nicht passiert, sofort in den Hänger und in die Klinik kommen." Tatsächlich fraß Mara in der folgenden Stunde etwas Heu; die Erleichterung war groß. Einige Jahre später waren wir mit einem lahmenden Tier in Hannover und wurden wieder sehr gut betreut und beraten.

Bei einem Geburtshilfekurs für Alpakas lernten wir Dr. Henrik Wagner, Fachtierarzt für kleine Wiederkäuer und Neuweltkameliden der Ambulanz im Klinikum der Universität Gießen und selber Halter von Neuweltkameliden, kennen. Ein sehr engagierter Arzt und guter Referent! Es hat sich gelohnt, den Kurs zu besuchen. Die vielen Informationen und Tipps haben uns bei der Geburt von unserem Casper sehr geholfen. Bei uns vor Ort haben wir die Tierarztpraxis Erbing in Hamm als große Unterstützung an unserer Seite. Hier wurde die Kastration unserer Wallache und der Kaiserschnitt bei Aponi souverän und fachgerecht durchgeführt. Die Mitarbeiter sind sofort bei uns auf dem Hof, wenn wir ein Problem haben, sie sind freundlich, kompetent und dem Tier zugewandt, was wir sehr schätzen.

Es wird ernst – Alpakas kaufen

Jetzt hast du eines oder mehrere Seminare besucht und auch einen Tierarzt gefunden, doch woher bekommst du deine Alpakas? Hier unser Rat: Besuche so viele Züchter wie möglich. Schau dir dort die Tiere an und rede mit den Menschen. Stelle viele Fragen! Am besten notierst du dir alles, damit du nicht etwas Wichtiges vergisst.

Diese Fragen solltest du dir vorab stellen:

- Sollen die Alpakas einfach nur auf der Weide stehen und dein Auge und Herz erfreuen?
- Möchtest du Wanderungen mit Alpakas unternehmen?
- Sollen Alpakas dich in deiner tiergestützten sozialen Arbeit unterstützen?
- Willst du sie wegen ihrer tollen Faser halten und die Wolle verarbeiten?

Alpakazüchter kennen ihre Tiere und können dir die zu deinen Überlegungen passenden Alpakas vorstellen. Unsere Züchter Gregor und Timo Schwermann aus Balve in Nordrhein-Westfalen haben uns von Anfang an sehr gut beraten und die richtigen Tiere für uns gefunden. Unsere drei Stuten und zwei Wallache haben wir bei ihnen gekauft und sie haben uns beim Aufbau unserer kleinen Herde wirklich geholfen. Wir konnten das erste Scheren mitansehen, das erste Tier unter Anleitung selber scheren und haben bei den Besuchen sehr viel gelernt. Wir wurden von ihnen bei allen auftretenden Schwierigkeiten unterstützt und beraten. So tolle Züchter wünschen wir dir auch an deiner Seite.

Stute, Wallach oder Hengst?

Die nächste Überlegung ist, ob du Stuten, Wallache oder Hengste kaufen möchtest. Auch bei diesen Entscheidungen hilft dir ein guter Züchter weiter. Auf keinen Fall solltest du ein Pärchen kaufen. Stuten und Hengste müssen nämlich getrennt stehen und es sollten mindestens zwei Tiere beisammen sein. Wenn Stuten dauernd gedeckt werden, kann es zu Entzündungen oder Fehlgeburten kommen. Auch Wallache können weiterhin decken. Häufig wird gesagt, dass Wallache, wenn sie früh kastriert wurden, nicht mehr decken. Bei uns ist das aber nicht so. Alpaka-Wallach Heinz fühlte sich beispielsweise von Anfang an als potenter Deckhengst. Wir haben deshalb sehr schnell entschieden, dass bei uns Wallache und Stuten getrennt stehen. Hengsthaltung ist meistens sehr anstrengend und muss gut durchdacht sein. Es gibt Wanderungsanbieter, die mit Hengstgruppen wandern, und das funktioniert auch, allerdings tatsächlich nur, wenn keine Stuten in der Nähe sind, die Unruhe stiften können.

Fachgespräch unter Kollegen. Foto © Nadine Malzkorn

Artgerechte Haltung

Wie viel Weidefläche brauchen Alpakas? Auch das ist eine wichtige Frage, bevor Alpakas angeschafft werden. Für die ersten zwei Alpakas sollten mindestens 1000 m² und 100 m² für jedes weitere Tier vorhanden sein; so zumindest lauten die Empfehlungen. Aber mal ganz ehrlich: Das ist natürlich viel zu wenig, wenn man die Tiere ordentlich ernähren und für ausreichende Bewegung sorgen will. Wir haben einen Nachtbereich am Hof. Dort steht der Offenstall und beide Gruppen haben einen voneinander getrennten Ruhebereich. Am Hof direkt liegt eine Weidefläche. Fußläufig in zwei Minuten zu erreichen liegt ein weiterer Weidebereich mit vier größeren Weiden, die zur Schonung begrenzt werden können. Ein größerer Sandbereich ist dort ebenfalls gegeben. Im Frühjahr und Herbst kann darüber hinaus auch noch eine anliegende Weide abgegrast werden, die Ränder am Wirtschaftsweg können wir ebenfalls nutzen. Wir heuen nicht selber, da wir von einem anliegenden Bauern große Ballen Heu aus dem Naturschutzgebiet geliefert bekommen und von einem anderen Bauern kleine Heuballen ankaufen. Jede Weide hat außerdem eine zugfreie Unterstellmöglichkeit. Diese nutzen unsere Alpakas eigentlich nur bei Starkregen.

Echt interessant

Bei uns stehen Wallache und Stuten so, dass sie sich sehen und beschnuppern können. In beiden Gruppen ist dadurch eine entspannte und ruhige Atmosphäre und kein Tier ist unter Stress. Und wenn wir doch mal mit größeren Gruppen wandern, nehmen wir alle Tiere mit. Das ist unterwegs auch kein Problem.

Jakobskreuzkraut
Foto © Shutterstock/Starover Sivitiak

Fingerhut
Foto © Shutterstock/Soeren D

Tollkirsche
Foto © Shutterstock/Susanne Heinen

Maiglöckchen
Foto © Shutterstock/ON-Photography Germany

Europäische Eibe
Foto © Shutterstock/Victoria Tucholka

Narzisse
Foto © Shutterstock/TTphoto

Diese Pflanzen sollten nicht auf der Weide stehen

Achte auch auf Giftpflanzen, die möglicherweise auf der geplanten Weide oder im Umfeld wachsen. Die bekanntesten sind das Jakobskreuzkraut, Buchsbaum, Oleander, Fingerhut, Tollkirsche, Frühblüher wie Maiglöckchen, Narzisse und natürlich Eibe. Wenn du dich nicht gut mit den Pflanzen auskennst, ziehe jemanden hinzu, der dir weiterhelfen kann.

Gemischte Haltung? Geht nicht!

Wir raten dir davon ab, Alpakas mit anderen Tieren auf einer Weidefläche zu halten. Die Weidehygiene von Alpakas ist sehr ausgeprägt, ihre eigenen Köttel würden sie niemals fressen. Falls andere Tiere mit auf der Weide stehen, müssen sie eventuell durch diese Tiere verunreinigtes Gras fressen und das kann zu einem erhöhten Risiko von Magen-Darm-Parasiten führen. Ebenfalls ein großes

Der Ruhebereich – schön im Schatten durch alte Bäume.
Fotos © Nadine Malzkorn

Risiko besteht darin, dass Alpakas von Esel, Pferd oder Ziegen getreten oder gebissen und verletzt werden.

Alpakas als Hühnerbeschützer zu halten, ist auch nicht ratsam. Hier gibt es bei gleichzeitiger Weidehaltung die gleichen Probleme mit den Parasiten. Unsere Hühner überqueren lediglich kurz die Weide, um auf den Hof zu kommen.

In der Begegnung mit Hunden sind Alpakas sehr aufmerksam. An unsere Hunde haben sie sich gewöhnt. Die dürfen am Zaun vorbeilaufen ohne dass sie großartig erschrecken. Aber wehe es sind Fremdhunde auf dem Hof, dann wird erst einmal gewarnt und die Herde zusammengerufen. Aus diesem Grund dürfen keine Hunde an unseren Wanderungen teilnehmen.

Der Stall

Für die Alpakahaltung ist ein Offenstall gut geeignet. Unsere Tiere können selber entscheiden, ob sie draußen bleiben oder in den Stall gehen. Wir haben hier noch keine Probleme mit Wölfen, deshalb brauchen wir keinen Stall, der nachts geschlossen wird. Vorgegeben ist pro Alpaka ein Platzbedarf von 2 m^2 pro Tier und einer Höhe von 2 m. Unsere Stallfläche ist so geplant, dass die Tiere – wie du schon gelernt hast sind Alpakas Distanztiere – so viel Platz haben, dass sie weit genug auseinander liegen können. Auch sind mehrere Futterstellen sehr wichtig, damit sich die Tiere aus dem Weg gehen können.

Die Zaunhöhe sollte 1,50 m betragen. Alpakas können sehr gut springen. Wir haben uns für einen Wildschutzzaun entschieden – eine günstige Variante. Achte darauf, dass der Abstand der Maschenweite klein genug ist, damit kein Alpaka seinen Kopf hindurch stecken kann.

Am leckersten ist immer noch frisches Gras. Foto © Nadine Malzkorn

Das richtige Futter und Wasser

Alpakas benötigen gutes Heu, Gras, einen Leckstein und Mineralpulver. Wichtig ist, woher du das Heu bekommst und diese Frage solltest du ebenfalls klären, bevor die Alpakas einziehen. Die Unterbringungsmöglichkeit für die Heuballen muss trocken sein und die Fläche groß genug für eine ausreichende Menge. In Bezug auf Wasser sind unsere Alpakas etwas mäkelig. Obwohl wir es täglich frisch machen, trinken sie am liebsten aus der Regentonne. Kannst du keine Selbsttränken installieren, so wie wir, achte darauf, dass deine Tränken lebensmittelecht sind. Speiströge, die es zum Beispiel im Baumarkt gibt, sind ungeeignet, da sich aus dem Kunststoff Schadstoffe lösen.

Echt interessant

Im Herbst und Winter bekommen die Tiere von uns ab und zu ein spezielles Alpakamüsli. Das Müsli gibt es mittlerweile schon fertig von verschiedenen Anbietern. Enthalten sind u.a. gequetschte Gerste, Gerstenflocken, pelletierte Leinsamenkleie, Maisflocken, Luzerne, Melasse, Maiskeimflocken, Leinflocken, Leinöl, außerdem Vitamine, Eisen, Zink, Selen.

Die Gesundheitsvorsorge

In einem Grundlagen-Seminar wird dir gezeigt, wie du den Ernährungszustand deiner Tiere feststellen kannst. Das ist wichtig und eine regelmäßige Kontrolle unabdingbar. Dazu zählt z.B. die Begutachtung vom Kot der Tiere. Er sollte nicht wie ein Fladen aussehen, sondern aus kleinen, länglichen, beinahe schwarzen Pellets bestehen.

Auch die Nagelpflege ist ein wichtiger Punkt in einem Grundlagen-Seminar. Die Nägel von einigen unserer Tiere werden alle sechs Wochen geschnitten. Andere Tiere laufen sie so ab, dass sie fast nie nachgeschnitten werden müssen. Das ist tatsächlich von Alpaka zu Alpaka unterschiedlich.

Bei unseren Züchtern lernten wir das Scheren der Tiere. Es gibt aber auch Scherkurse, die Anbieter findest du im Internet. Dann gibt es natürlich noch die professionellen Scherer, die zur Schurzeit unterwegs sind. Dort solltest du dich aber rechtzeitig anmelden.

Regelmäßige Zahnkontrolle ist ebenfalls sehr wichtig. Alpakas haben im Bereich der Schneidezähne im Unterkiefer Zähne und im Oberkiefer eine Kauplatte. Zähne und Kauplatte müssen bündig abschließen, damit die Tiere richtig fressen können. Falls etwas auffällig ist, musst du den Tierarzt benachrichtigen. Er kann die Zähne wieder in die richtige Länge schleifen. Ein guter Züchter unterstützt dich natürlich auch in allen anfallenden Fragen und zeigt dir z.B. die Nagelkontrolle.

Wie du ja schon weißt, sind Alpakas sehr reinliche Tiere und haben eine Kotstelle. Du brauchst also nicht die gesamte Weidefläche abzuäppeln, sondern nur diese speziellen Bereiche. Das ist nötig, um Parasiten und Krankheiten zu verhindern. Nach den Wanderungen stehen sie oft hintereinander an und warten darauf, dass diese Fläche endlich frei wird.

Alpakas anschaffen – Das solltest du checken

Woran muss ich denken	Was wird benötigt? Wo kann ich suchen?	Klappt	Nicht möglich
Seminare, Fortbildungen	**Werden bei Züchtern, Haltern oder Alpaka Vereinen angeboten**		
Haltung für Wanderungen, soziale Projekte	Sachkundenachweis, Transportschein		
Tierarzt	• Sollte nicht zu weit entfernt sein • Sollte sich auf Alpakas spezialisiert haben • oder sich in Zukunft darauf spezialisieren		
Weidefläche	Mindestens 1000 m² für zwei Alpakas, 100 m² für jedes weitere Tier		
Mindestens 2-3 Tiere halten	• Am besten nur Wallache. • Sind Weideflächen vorhanden? • Kann ich Weideflächen pachten?		
Sandbereich	Kann ein Sandbereich zum Wälzen für die Tiere angelegt werden?		
Zugfreie Unterstellmöglichkeit	• Vorhanden? • Kann eine Unterstellmöglichkeit gebaut werden? • Ist Platz dafür vorhanden?		
Futter	Ist ein Bauer in der Nähe, von dem Heu gekauft werden kann? Kann ich selber heuen?		

DIE SCHUR VON

Foto © Nadine Malzkorn

ALPAKAS ... !

Alpakas sollen einmal im Jahr geschoren werden, das ist ein Muss bei der Alpakahaltung. Die Wolle kannst du für dich nutzen. Sie ist wunderbar weich und vielseitig verwendbar.

Alpakas kannst du unter anderen im Stehen scheren. *Foto © iStock/Kira Volkov*

So werden Alpakas geschoren

Wir scheren unsere Tiere selbst, im Mai, spätestens Juni, bevor es zu heiß wird, da uns der Züchter unserer Alttiere eine tierfreundliche Scherweise erklärt und gezeigt hat. Es gibt aber auch Profi-Scherer, die du buchen kannst, außerdem bieten langjährige Alpakahalter und Züchter für unerfahrene Halter die Schur an.

Wir scheren unsere Tiere in Seitenlage auf einem Tisch, dabei werden sie natürlich nicht überstreckt, sondern für ihre Sicherheit locker fixiert. Außerdem kann man Alpakas stehend z.B. im Behandlungsstand oder auf dem Boden liegend scheren.

So cool, diese Alpakafrisuren! Foto © Nadine Malzkorn

Die Schur unserer Tiere

Bei der Schur unserer Tiere arbeiten wir seit neun Jahren mit demselben Scherteam, das aus Tobi, unserem ehemaligen Bundesfreiwilligendienstleister, Jana, unserer ehemaligen Anerkennungsjahrpraktikantin zur Erzieherin und Timo, unserem Sohn besteht. Und natürlich bin ich dabei. Jana und Tobi haben sich vor neun Jahren übrigens auf dem Hof kennen gelernt, und sind seit einem Jahr verheiratet.

Die Schur findet an zwei bis drei Tagen statt, so können wir es gemütlich angehen und trotz der anstrengenden Arbeit viel Spaß am Scherwochenende haben, mit Lagerfeuer, leckerem Essen und viel Quatscherei. Der Vorteil eines so eingespielten Teams ist es, dass es keiner großer Erklärung bedarf was, wann und wie zu tun ist. Bei uns sitzen die Abläufe einfach und so können wir im Interesse der Tiere zügig und tierschonend arbeiten. Die Tiere kommen auf einen Schertisch mit kippbarer Platte. Die sehr durchdachten Tische baut der Sohn des Züchters Gregor Schwermann. Das Tier wird an die Platte herangeführt und dort mit Hilfe einer fixierten Plane am Bauch und der Seite so gehalten, dass wir die Tischplatte mit dem Tier in die Horizontale drehen können. Anschließend werden die Beine des Alpakas mit Seilen, die über den Fesselgelenken befestigt werden, leicht fixiert, aber nicht auf Spannung gezogen oder gar überstreckt. Darum arbeiten wir bei unserer Schur auch immer mit vier Personen. Einer steht beim Kopf und beruhigt das Tier, zwei halten die Beine trotz des Seiles leicht fest, damit sich das Alpaka, sollte es mal zappeln, nicht verletzen kann. Stell dir vor, das Tier versucht sich zu befreien und die Messer verletzen die Haut. Die vierte Person bedient die Schermaschine. Seit zwei Jahren schert auch Tobi einige Tiere. Zur Schur gehört natürlich auch noch das Nägel schneiden, Zähne kontrollieren, sensible Körperteile mit der Handschere nachschneiden und gegen Würmer und Milben (Endo- und Ektoparasiten) behandeln. Am wichtigsten ist es, zum Schluss jedem Tier eine tolle „Friese" zu verpassen. Die Frisur verrät schließlich eine Menge über den Charakter.

Aufgepasst

Alpakas schwitzen zu 70 % über die Haut. Sie können nicht hecheln wie Hunde. Wenn sie in den warmen Monaten nicht abgeschoren sind, ist dies Tierquälerei.

Unterschiedliche Charaktere

Auf die Schur reagieren die Tiere recht unterschiedlich. Besonders toll findet es keines unserer Alpakas. Aber wie du ja schon erfahren hast, muss das nun mal sein. Wir haben Tiere wie Nelli, Leonie oder Chewbacca, die die gesamte Prozedur ohne zu zappeln über sich ergehen lassen. Das sind natürlich die angenehmsten Vertreter. Dann gibt es Tiere wie etwa Muckefuck oder Aponi, die noch am Boden bereits ein riesiges Theater machen und mit viel Geduld an den Tisch geführt werden müssen. Liegen sie dann auf dem Schertisch ist es kein Problem mehr und auch sie verhalten sich sehr ruhig. Die dritte und größte Gruppe besteht aus den „Stramplern". Bei diesen Tieren muss man, gerade wenn in Kopfnähe oder an den Beinen gearbeitet wird, immer damit rechnen, dass sie anfangen zu „diskutieren" und mit den Beinen zu strampeln.

Natürlich ist das Verhalten der Tiere nachvollziehbar, denn als Fluchttier die Kontrolle über die Beine zu verlieren, ist in der Natur gleichbedeutend mit Schutzlosigkeit und damit dem Tod durch den Fressfeinde ausgeliefert zu sein. Nur sind wir keine Fressfeinde und zum Glück verzeihen uns alle Tiere unmittelbar nachdem sie wieder Boden unter den Füßen haben. In diesem Moment ist es, als hätte die Schur gar nicht stattgefunden.

Echt interessant

Die Begrüßung der schon geschorenen Tiere durch die anderen Alpakas fällt sehr lebhaft aus. Jedes geschorene Alpaka wird zunächst von den anderen wie ein Fremdling betrachtet und vorsichtig beschnuppert oder auch mal über die Weide gejagt. Nach ein paar Minuten ist aber alles wieder geklärt und sie haben erschnuppert, dass sie das Tier schon kennen.

DIE SCHUR

Auch wenn es bei allen anderen Tieren relativ einfach ist, beim Gedanken an das Scheren von Heinz sind Magenschmerzen vorprogrammiert. Eigentlich ist Heinz ein echter Schatz und wir sind richtig gute Kumpel. Weißt du, Heinz ist von allen unseren Tieren das einzige, bei dem man die Nägel schneiden kann, ohne dass ihn jemand am Halfter festhält. Das ist ein echter Vertrauensbeweis. Aber die Schur.... das ist etwas ganz anderes. Heinz ist der Herdenchef und einem Chef die Fluchtmöglichkeit zu nehmen und ihn so zu demütigen, das geht überhaupt nicht. Dementsprechend ist bei Heinz in jedem Jahr mit dem größtmöglichen Widerstand zu rechnen. Heinz wiegt ungefähr 80 kg, ist somit schon in der Gewichtsklasse eines kleinen Lamas und hat enorme Kraft. Wenn nun also ein solches Alpaka beschließt, dass es dabei nicht mitzumachen gedenkt, dann kannst du dir bestimmt vorstellen, womit zu rechnen ist. Normalerweise beginnen wir die Schur immer mit Heinz, denn wenn er geschoren ist, dann ist das Schlimmste geschafft, in diesem Jahr konnte Timo allerdings erst am Sonntag kommen. So begannen wir mit drei anderen Wallachen. Das erwies sich als schwerwiegender Fehler.

Heinz wusste natürlich, was um die Ecke herum passierte und er sah, dass die Kollegen frisiert zurückkamen. So hatte er also 24 Stunden lang Zeit, einen Plan zu schmieden und sich taktisch gut zu positionieren. Als wir ihn dann am Sonntag von der Weide holen wollten, ging ein Ruck durch seinen Körper und an seiner Mimik war deutlich zu sehen, dass er wusste, was geschehen sollte. Alleine das Anhalftern, normalerweise eine Sache von einer Minute, dauerte mindestens zehn Minuten, da er immer wieder auswich. Als ich dann sein Halfter angelegt hatte, ging das los, was normalerweise erst am Scherplatz passiert. Heinz begann zu schreien. So ein Alpakaschrei ist sehr schrill und geht durch Mark und Bein. Du würdest dir sofort die Ohren zu-

VON HERDENCHEF HEINZ

halten. Zum Glück ist unser Herdenchef sehr verfressen und liebt die zuckerfreien Kräuterleckereien unseres Pferdes. Damit schafften wir es nach einer halben Stunde, Heinz an den Scherplatz zu bringen.

Weil er immer Widerstand leistet, wird Heinz schon seit langem nicht am Tisch geschoren, sondern auf dem Boden. Also hieß es, wie in den vergangenen Jahren auch, Heinz auf die Seite zu legen und locker zu fixieren. Das war ein wahrer Spaß für echte Helden. Vor drei Jahren war es ähnlich schwierig. Als Heinz schon am Boden lag, berappelte er sich nochmal und hob dabei Tobi, der ihn halten wollte, einfach hoch und warf ihn dann ab. Tobi ist 1,86 m groß! Während der kompletten Zeit schreit, spuckt und tritt der Wallach. Trotzdem muss man selber so ruhig bleiben wie ein meditierender Mönch, denn sonst würde die eigene Energie Heinz noch mehr aufregen. Auch in diesem Jahr hatten wir es nach 15 Minuten geschafft und Heinz lag.

Dann ging es unter Dauerschreien und den gelegentlichen Versuchen durch Strampeln der Situation zu entkommen los. Auch in diesem Jahr schafften wir es trotz aller Hindernisse, Heinz verletzungsfrei und ohne den kleinsten Kratzer zu scheren. Und das Beste: Auch keiner von uns wurde verletzt. Bis unsere Ohren sich allerdings wieder an die Ruhe gewöhnten, das hat schon gedauert. Kaum war Heinz auf den Beinen, war alles wieder gut und wir sind weiterhin die besten Freunde.

Auch in diesem Jahr schauten uns die Nachbarn mitleidig an: „Na, habt ihr Heinz geschoren?"

Und jährlich grüßt das Murmeltier, besser gesagt das Alpakatier.

Foto © Nadine Malzkorn

Die Woll-Ernte

Wir „ernten" pro Tier im Schnitt ca. 1,5-2 kg Fasern, die wir verarbeiten lassen. Dazu gibt es noch ungefähr 1 kg Fasern, die auf dem Hof bleiben, weil sie zu kurz oder verdreckt sind. Diese Faser nutzen wir gereinigt als Bastelmaterial bei Kinderaktivitäten oder als Geschenk bei Kindergeburtstagen. Man kann diese Fasern auch kompostieren oder Seife daraus sieden. Wir haben sie beim Lehmofenbau in die mittlere Lehmschicht als Wärmespeicher eingearbeitet. Aus den guten Fasern lassen wir Wolle, Socken, Bettdecken, Kopfkissen und Seife anfertigen. Um 100 Paar Socken zu erhalten, benötigen wir etwa 12 kg Rohfaser. Es entstehen dann die mit Abstand tollsten und wärmsten Socken der Welt. Das solltest du mal ausprobieren!

Was man so alles aus Alpakawolle machen kann

Alpakawolle besteht aus temperaturausgleichenden Hohlfasern. Ob Kopfkissen oder Bettdecken, im Sommer schwitzt man nicht und im Winter friert man nicht. Wir nehmen zu jeder Übernachtung, und ist sie noch so kurz, immer unsere eigenen Alpaka-Bettdecken mit. Unter anderen Bettdecken können wir gar nicht mehr schlafen.

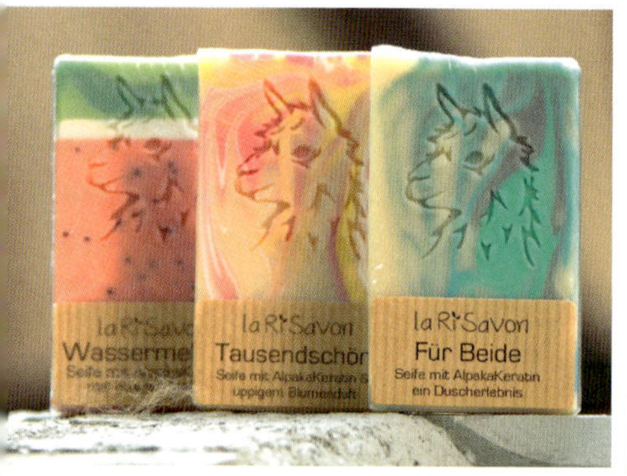

Fotos © Nadine Malzkorn

Fotos © Nadine Malzkorn

ALPAKAS! WAS KANN MAN EIGENTLICH MIT DENEN MACHEN …?

Foto © Nadine Malzkorn

Reiten, Lasten tragen, Herdenschutz?
Fehlanzeige – das ist nichts für Alpakas.

Aber sie sind bestens für die tiergestützte Arbeit geeignet, für Wanderungen und ihre Wolle ist einfach phänomenal weich. Du willst mehr wissen? *Dann lies einfach weiter.*

Gut zu gebrauchen?!

Ein Alpaka kostet viel Geld, zumindest solche aus seriösen Züchtungen. Aber zugegeben, ein Alpaka kannst du nicht reiten und es wird in der Regel keine Kutsche ziehen, wobei es Alpakas gibt, denen man antrainiert hat, einen Saccowagen zu ziehen, wie es auch große Hunde lernen können. Ein Alpaka trägt dir nicht dein Gepäck durch die Gegend wie es das Lama kann, es vertreibt keine Wölfe aus der Schafherde oder schreckt Raubvögel oder Füchse auf dem Hühnerhof ab.

Obwohl es Menschen gibt, die das tatsächlich behaupten. Ganz ehrlich: Wenn unsere Alpakas auf die Weide kommen, wo auch die Hühner umherlaufen, dann nehmen die Hühner Reißaus.

Alpakas lieben es nämlich, die Hühner durch die Gegend zu jagen und ihr Summen dabei hört sich an wie ein heiteres Gelächter.

Hahaha – drei Mal kurz gelacht ...

Und zum Thema Herdenschutz kann man nur sagen: „Da lachen ja die Hühner". Der Wolf ist ein Raubtier und das Alpaka ein Fluchttier. Punkt. Es kursieren Videos im Internet, vorzugsweise aus Amerika, da werden Alpakas in Haus oder Garten gehalten und mit zum Surfen genommen. Bitte, bitte nicht nachmachen, das ist Tierquälerei, auch wenn es vielleicht auf den ersten Blick lustig erscheint.

Alpakas, die umweltfreundlichen Rasenmäher. Foto © Nadine Malzkorn

Aufgepasst!
Aus welchem Grund auch immer Alpakas gehalten werden, man muss sie mit viel Geduld und Sachkenntnis darauf vorbereiten. Unsere Tiere werden übrigens im Rahmen der pädagogischen Arbeit und der tiergestützten Aktivität gehalten und ausgebildet.

Was die Halter wollen

Je nach Interesse der jeweiligen Halter und/oder Züchter von Alpakas erfüllen die Tiere recht unterschiedliche Aufgaben.

Alpakas
- werden in mittleren bis großen Beständen als Nutztiere gehalten, um die Faser kommerziell zu vermarkten,
- werden gezüchtet und verkauft,
- werden in der tiergestützten Intervention eingesetzt,
- können als Landschaftspfleger und Rasenmäher gute Dienste tun
- und dich einfach nur erfreuen.

Die tiergestützte Arbeit

Landläufig fällt schnell der Begriff von der tiergestützten Therapie. Dies ist jedoch nicht richtig, es geht um die tiergestützte Arbeit, und die teilt sich auf in drei unterschiedliche Bereiche. Zum einen ist es tatsächlich der therapeutische Ansatz, wobei nur ausgebildete Therapeuten diese Art der Nutzung auch so nennen dürfen, z.B. Psychologen, Psychiater oder Ergotherapeuten. Der zweite Bereich ist die tiergestützte pädagogische Arbeit, die nur ausgebildete Pädagogen anbieten können, z.B. Trauma-Pädagogen, Sozialpädagogen oder Erzieher.

Der dritte Bereich schließlich ist die tiergestützte Aktivität, die ohne einen besonderen beruflichen Hintergrund angeboten werden kann. Hierbei geht es beispielsweise um den Einsatz der Tiere auf Wanderungen oder Geburtstagen. Wichtig ist es, beim professionellen Einsatz von Alpakas auf jeden Fall eine fundierte Fortbildung für tiergestützte Arbeit zu besuchen, denn in allen drei Bereichen sind die passenden Hygienekonzepte, rechtliche Belange, ethische Fragen, Wirkungsweise von Tieren auf den Menschen, Rasse- und tierartspezifische Anforderungen von großer Bedeutung. Solche Weiterbildungen werden von unterschiedlichen Instituten und Unternehmen angeboten, wobei man unbedingt auf die Qualität achten sollte. Gute Fortbildungen qualifizieren die Absolventen nach den Standartausbildungskriterien der ESAAT bzw. ISAAT. Diese Weiterbildungen werden in Modulform angeboten und bilden wissenschaftlich konzipiert und praktisch orientiert aus. Martin hat seine Fortbildung zur Fachkraft für tiergestützte Intervention beim Institut für Soziales Lernen mit Tieren in der Wedemark bei Hannover über knapp zwei Jahre absolviert. Es gibt aber z.B. auch AATLA –"Animal Assisted Therapy with Llamas and Alpacas". Dieses Institut hat als Ausbildungsschwerpunkt die Neuweltkameliden.

Einsatz und Nutzen im sozialpädagogischen Kontext

Wir arbeiten auf dem Sternschnuppenhof seit 14 Jahren als sozialpädagogische Lebensgemeinschaft. Zwei Kinder haben im Rahmen ihrer individuellen Verweildauer in der Jugendhilfe einen familienanalogen Lebensmittelpunkt bei uns gefunden, d.h. die Kinder werden von uns 24 Stunden an sieben Tagen der Woche betreut, gefördert und begleitet. Dabei wird jeweils in Absprache mit allen am Prozess Beteiligten wie den Eltern, Vormündern, den Koordinatoren unseres Jugendhilfeträgers, den Zuständigen der Jugendämter, den Schulen oder auch den Therapeuten und uns regelmäßig ein Zieleplan erarbeitet, umgesetzt und überprüft.

Echt interessant
ESAAT ist das Kürzel für European Society for Animal Assisted Therapy. Die Organisation wurde 2004 in Wien gegründet und ist der wichtigste europäische Dachverband für alle Vereinigungen, die tiergestützt arbeiten. ISAAT ist die International Society for Animal Assisted Therapy.

Vor einer Wanderung muss erstmal ein Halfter angelegt werden. Foto © Nadine Malzkorn

In unserer pädagogischen Arbeit setzen wir dabei neben trauma- und entspannungspädagogischen Ansätzen auch auf die Möglichkeiten der tiergestützten Pädagogik. Es gilt als wissenschaftlich erwiesen, dass Tiere eine äußerst positive Wirkung auf Psyche und Physis des Menschen ausüben. Gerade bei Kindern und Jugendlichen, die häufig in ihrem jungen Leben enttäuscht wurden, aus einem Milieu von Gewalt seelischen und/oder körperlichen Ursprunges kommen, Verwahrlosung oder Unterversorgung, Flucht oder gar Krieg erlebt haben, wirkt ein Tier oft positiv als Eisbrecher und Vertrauter. Die Kommunikation mit dem Tier ist authentisch.

Ein Tier ist in seiner Sprache und seinen Bedürfnissen ganz klar und nimmt den Menschen ohne zu berechnen, zu lügen oder zu enttäuschen einfach so an wie er ist. Egal welche Hautfarbe, welches Aussehen, welche Krankheit er hat oder wie intelligent er ist. Beim Versorgen der Tiere werden Erfahrungen der Selbstwirksamkeit und des Gebrauchtwerdens gemacht. Beim Streicheln wird Oxytocin, ein Glücks- und Bindungshormon ausgeschüttet, das sich positiv auf das psychosoziale Befinden auswirkt.

Alpakas helfen Menschen

Neben Hunden, Katzen, Hühnern, Eseln, einem Pferd, das etwas entfernt vom Hof mit anderen Pferden auf einer Reitanlage steht, und weiteren Tierarten haben wir uns vor zehn Jahren auch ganz bewusst für den Einsatz von Alpakas in unseren pädagogischen Fördermaßnahmen entschieden.

Die Optik und Sanftheit, die neugierige, interessierte Art, die klare Körpersprache mit der die Tiere ausdrücken, wie weit eine Annäherung zugelassen wird, und das nicht bedrängende Verhalten prädestiniert Alpakas hervorragend für den tiergestützten Einsatz. Die Kinder und Jugendlichen lernen bei Alpakas, dass nur eine langsame und behutsame Annäherung zu gegenseitigem Vertrauen und Respekt führt. Ist dieses Vertrauen einmal da, dann lassen die meisten Tiere auch Streicheleinheiten am Hals oder der Schulter zu. Die beruhigende Wirkung des Summens und der schaukelnde Passgang der Tiere beim Wandern überträgt sich schnell auf die Menschen, entschleunigt und erdet.

Tiergestützte Aktivitäten

Alle zuvor beschriebenen Wirkweisen kommen auch hierbei zum Tragen. Im Unterschied zum therapeutischen und pädagogischen Ansatz sind tiergestützte Aktivitäten meist zeitlich begrenzt und eine einmalige Begegnungen zwischen Mensch und Tier.

Tiergestützte Angebote:

- Wanderungen oder Trekkingtouren
- Entspannungsangebote auf der Weide mit Meditation, Qi Gong und Atemübungen
- Picknick unter den Tieren mitten auf der Weide
- Kindergeburtstag mit Alpakaführerschein und Basteln mit Alpakafaser

Wusstest du, dass ...

... Alpakas auch die „Delfine der Weide" genannt werden? Das ist wahrscheinlich ein bisschen übertrieben, aber sie sind für pädagogische Interventionen hervorragend geeignet.

Im Vordergrund steht bei all diesen Angeboten die natürliche Begegnung zwischen Mensch und Tier, Entspannung, Spaß und neues Wissen. Bestimmte Bedingungen, die während der Angebote eingehalten werden müssen, gibt es bei uns nicht. Es steht immer das Tierwohl an oberster Stelle und die Möglichkeit, natürliches Verhalten in stressfreier Atmosphäre zu erleben und zu genießen.

Nach einer Wanderung klappt es vielleicht und ein Alpaka frisst aus der Hand. Foto © Nadine Malzkorn

So machen wir das

- Bei uns wird jede Wanderung von einem unserer Mitarbeiter begleitet, der die Tiere auch bereits länger kennt.
- Jedes Tier wandert nur einmal pro Tag und auch nur mit einem Menschen an seiner Seite.
- Es gehen immer mindestens zwei Tiere auf den Spaziergang.
- Wir bieten keine Sammel- bzw. Großgruppenwanderungen an, bei denen die Menschen sich untereinander nicht kennen.

Es gibt sicher auch gut organisierte Wanderungen mit großen Gruppen, wir haben uns aber für einen individuelleren Rahmen entschieden. Nur wenn sich die Teilnehmer bereits untereinander kennen, wie etwa bei Firmenausflügen, Teamevents, Junggesellinnenabschieden – natürlich ohne Alkohol – wandern wir auch mal mit einer größeren Gruppe. Junggesellen hatten wir übrigens noch nie!

Unsere Tiere wandern zwar das ganze Jahr durch, aber bei Sturm, Glatteis oder Starkregen sagen wir kurzfristig ab. Es soll dir ja genau wie den Alpakas Spaß machen. Ach ja, und unsere Wanderungen sind keine Veranstaltung zum „Alpaka kuscheln". Du weißt ja jetzt schon längst, dass Distanztiere nicht gerne kuscheln. Aber wenn du im Laufe der Wanderung dem Tier nähergekommen bist und es dir vertraut, dann kannst du auch mal am Hals lang streichen, um zu spüren wie es sich anfühlt.

Jedes Tier auf dem Hof hat seinen Platz. Foto © Nadine Malzkorn

Alpakas gibt es auf dem Sternschnuppenhof in allen möglichen Variationen. Foto © Nadine Malzkorn

Der Sternschnuppenhof ist traumhaft schön. Foto © Nadine Malzkorn

Eine Alpaka-Wanderung auf dem Sternschnuppenhof

Auch wenn du viel zu weit entfernt wohnst und uns nicht persönlich besuchen wirst, möchten wir dich zumindest in deiner Vorstellung mit auf den Hof nehmen. Vielleicht kannst du diesen magischen Ort ein wenig spüren.

Pünktlich zu deiner gebuchten Zeit holt dich einer von uns am Tor ab. Komm bitte nicht alleine auf den Hof, denn es kann sein, dass unsere Hunde frei herumlaufen und dann aus dem offenen Tor entwischen oder dich vor Freude anspringen. Solltest du eine weite Anreise gehabt haben und bist viel zu früh angekommen, kannst du noch eine kleine Spazierrunde durchs Naturschutzgebiet drehen. Es ist dort wirklich sehr schön. Einmal auf dem Hof angekommen, wirst du schnell feststellen, dass du eine andere Welt betreten hast. Alles sieht ein wenig wie eine Astrid Lindgren oder „Pettersson und Findus"-Welt aus. Meistens wirst du auch sofort von unseren Eseln, Hühnern und Katzen begrüßt. Du kannst viele kleine und große Gebäude sehen. In den Türen und Torbalken entdeckst du Schnitzereien, die auch Auskunft über das Alter der Gebäude geben. So wurde die Scheune im Jahre 1789 erbaut. Auch alle anderen Gebäude stammen aus längst vergangenen Zeiten.

Was so alles bei uns wächst und gedeiht

Gegenüber der Scheune siehst du einen wundervollen Hochbeet-Garten, in dem es je nach Jahreszeit prächtig blüht und summt. Auf dem ganzen Hof gibt es viele Insektenpflanzen und Stauden. Das liegt daran, dass wir selber imkern und den Wildbienen und unseren Honigbienen so gut es geht ganzjährig Nahrungspflanzen anbieten. Der ganze Hof ist übrigens mit vielen alten Bäumen bewachsen. Es gibt die stattliche Linde, die mit ihren bestimmt 350 Jahren sehr imposant eine zentrale Position einnimmt. Du siehst Eichen, Walnussbäume, Kiefern, Weiden, Kirschen, Apfel- und Pflaumenbäume, Eschen und viele Haselnusssträucher. Vor allem Weiden- und die Haselnusszweige lieben unsere Esel und Alpakas und bekommen sie regelmäßig zum Knabbern. Solltest du im Hochsommer zu Besuch bei uns sein, wirst du feststellen, dass auf dem Hof, dank der Bäume, auch bei großer Hitze ein sehr angenehmes Klima herrscht. Überall kannst du Deko, Naturprojekte und spannende Blickfänger entdecken. Hast du die lebensgroße Hexe schon entdeckt, die sich mit ihrem Hexenbesen in einem Haselnussstrauch in drei Metern Höhe festgeflogen hat? Wie ihr das wohl passiert ist? Ach so, sie hat ein Handy in der Hand. Natürlich, das war es. Weder beim Autofahren noch beim Fliegen auf dem Hexenbesen sollte man telefonieren.

Erstes Kennenlernen

Nach den ersten Eindrücken vom Hof bist du nun sicher sehr gespannt darauf, die Alpakas kennen zu lernen. Wir bringen dich zunächst an den Zaun zu den Nachtbereichen und den Ställen der beiden Alpakagruppen und stellen dir die Wallache und unsere Stuten vor. Du erfährst viel Wissenswertes, siehst Fotos aus den Anden, sodass du dir vorstellen kannst, wo und wie die Tiere ursprünglich leben. Du darfst auch Alpakafaser von der letzten Schur ertasten und staunen wie weich und fein diese ist. Hier kannst du also doch ein Alpaka kuscheln, denn so ist es ihm nicht unangenehm und es kann dich nicht anspucken oder treten. Meistens haben wir auch schon Löwenzahn gepflückt und du kannst die Tiere durch den Zaun aus der Hand füttern.

Hast du noch Fragen?
Nur raus damit, wir beantworten sie dir gerne.

Das muss jeder wissen

Bevor es losgeht, treiben wir die Alpakagruppe, mit der wir wandern wollen, in den Catch Pen, also das Fanggehege. Das ist ein separater kleiner Paddock zwischen den beiden großen Paddocks. Der Catch Pen hat Sandboden und eine Fläche von ungefähr 3 x 5 Metern.

Aufgepasst!
Löwenzahn gehört zu den Lieblingskräutern von Alpakas.

Foto © *Shutterstock/VineStar*

Wenn wir bei den Tieren Nägel schneiden, Medikamente verabreichen, Spritzen geben, Zähne schleifen oder das Gewicht kontrollieren wollen, dann geschieht das im Catch Pen. Hier ist das alles für die Tiere nicht so bedrohlich, weil wir alles in Ruhe machen und die Tiere nicht treiben und unnötig in Stress versetzen. So wissen sie, dass nichts Schlimmes geschieht. Auch das Anhalftern führen wir im Catch Pen durch und durch das konsequente liebevolle Training stecken fast alle unsere Tiere den Kopf von selber ins Halfter und wir müssen nur noch den Klippverschluss schließen. Abschließend wird noch der Sitz des Halfters kontrolliert. Jedes Tier hat ein eigenes, passgenau eingestelltes Halfter. Dies ist sehr wichtig, denn wenn es zu weit nach vorne auf die Nase rutscht, drückt es auf den Knorpel und schneidet dem Alpaka die Luftzufuhr ab. Wird auf einer Wanderung ein Alpaka ohne anderen ersichtlichen Grund mal unruhig und atmet mit bebenden Nasenflügeln kann dies an einem schlechtsitzenden Halfter liegen. Nachdem die Alpakas nun also reisefertig sind, wirst du noch mit dem wichtigsten vertraut gemacht.

Das sind die Regeln:

1. Wickele dir den Führstrick niemals um die Hand. Alpakas sind Fluchttiere und wenn sie erschrecken, versuchen sie schnell nach vorne zu laufen oder zu springen. Ein Strick, der um die Hand gewickelt wurde, kann zu schweren Verletzungen führen.
2. Gehe immer auf Schulterhöhe oder vor dem Alpaka, so kannst du das Tempo und die Richtung kontrollieren.

Nicht zu stark ziehen, bitte. Foto © Nadine Malzkorn

3. Gehe nicht hinter einem Alpaka, es könnte mal austreten.
4. Führe ruhig und gelassen und ziehe und rucke nicht an dem Tier. Wenn du ziehst, bringst du das Alpaka aus der Balance und es wird nur versuchen, dagegen zu ziehen. Es wird bockig und ihr kommt nicht weiter. Ruckst du stark an dem Strick, kann das sogar zu Verletzungen in der Halswirbelsäule führen.
5. Führe mit durchhängendem lockeren Strick, dann fühlt sich das Alpaka am wohlsten und es kann den Kopf frei bewegen, um neugierig die Umgebung zu betrachten.
6. Lasse das Tier nicht fressen, wo es möchte. Alpakas testen die Menschen gerne, und wenn du es fressen lässt, kommt ihr nicht weit. Gib mit sanftem Zug und einem sofortigen Nachlassen des Zuges die Richtung vor. Das nennen wir die Zwei-Finger-Technik (siehe Seite 86).
7. Das Tier bestimmt das Tempo. Mit Eile und Ungeduld werdet ihr kein Team. Ein Alpakaspaziergang ist wie ein Schlendern an einem sonnigen Sonntagnachmittag in einem schönen Park, in dem es überall etwas zu entdecken und zu bestaunen gibt.
8. Entdecke dein Tier und die Natur um dich herum mit allen Sinnen. Höre, rieche, schaue, und bei der Rast, wenn die Tiere grasen dürfen und dein Tier dir vertraut, fühle es auch. Du kannst auch gerne vom Wegesrand Wildkräuter pflücken und sie probieren wie die Alpakas. Wir zeigen dir, welche genießbar sind.

Die Wanderung beginnt

Mithilfe der gespaltenen Oberlippe können Alpakas sehr selektiv ihre Nahrung aussuchen. Foto © Nadine Malzkorn

Die ersten gemeinsamen Meter sind oft für Mensch und Tier etwas komisch. Am besten geht man zunächst auf der Mitte der wenig befahrenen Straße, damit das Alpaka nicht noch rechts oder links in den Grünstreifen kommen kann, um etwas zu fressen, außerdem kannst du dich ans Führen gewöhnen. Die anfängliche Distanz und Skepsis wird aber meistens schnell überwunden und Tier und Mensch kommen sich näher. Wie findest du, riecht ein Alpaka? Kannst du den Passgang sehen? Die Tiere bewegen immer beide Beine einer Körperseite gleichzeitig. Das beruhigt sehr, da es eine harmonische, gleichmäßige Bewegung ist. Auf den Wanderungen siehst du viel Natur und kannst jede Menge Tiere beobachten. Wenn du Glück hast, bekommst du unter anderem Rehe, Störche, Nutrias, Waschbären, Marder, Reiher und vieles mehr zu Gesicht. Es kann durchaus sein, dass uns eine Gruppe von Rehen in sehr geringem Abstand von vielleicht gerade mal 20 Metern eine Zeit begleitet und neugierig beobachtet. Die Tiere scheinen in der Anwesenheit der Alpakas ihre Scheu vor uns Menschen zu verlieren. Oft passiert es auch, dass ein Fasan oder ein Reh direkt vor uns aus dem Gebüsch springt oder fliegt.

Wälzen im Sandbett, das ist ein Genuss. Foto © Nadine Malzkorn

Das ist jedes Mal ein kurzer Schreckmoment. Zum Glück entspannen sich die Alpakas aber sehr schnell wieder. Wir schlendern so eine ganze Weile dahin, bis wir an eine Wiese mit vielen verschiedenen Kräutern kommen. Hier darf dein Tier grasen, lass es dorthin gehen, wohin es möchte und halte den Strick einfach am Ende fest. Die Tiere fressen sehr selektiv und suchen sich dank ihrer gespaltenen Oberlippe, die wie eine Pinzette funktioniert, ihre Lieblingskräuter, die sie auch deutlich über den Geruchssinn wahrnehmen. Die Vorlieben der unterschiedlichen Tiere sind dabei recht verschieden, Löwenzahn steht aber bei fast allen Alpakas ganz oben auf der Best-of-Liste.

Nach dieser ausgiebigen Pause, die du nutzen kannst, um Fotos zu machen, dich mit deinem Tier fotografieren zu lassen oder das Tier an Hals und der Schulter leicht zu berühren, geht es auch schon weiter.

Mit Spiel und Spaß geht's weiter

Der Start runter von der Wiese bedarf bei dem einen oder anderen Tier ein wenig Überzeugungsarbeit, denn das Gras und die Kräuter sind ja sooo lecker. Aber schließlich ist es geschafft und alle Tiere sind wieder im Wandermodus. Möchtest du mal ein paar Meter laufen? Ein einzelnes Tier, das den Anschluss zur Gruppe verloren hat, weil es vielleicht etwas beobachten musste oder dich einfach ausgetrickst hat, und unterwegs noch Gras oder Blätter fressen konnte, wird von sich aus schneller werden, wenn es bemerkt, dass die Herde bereits weitergelaufen ist. In diesem Fall lauf einfach mit und versuche nicht das Tier zurück zu halten – das wird es nämlich weder verstehen noch mögen.

Wir sind nun bereits auf dem Rückweg. Versuch doch mal zu erraten, was dein Alpaka so interessiert. Wir machen auf unseren Wanderungen mit den Teilnehmern dann das Spiel: Ich sehe was, was du nicht siehst. Schau genau, wohin das Tier besonders interessiert guckt. Was sieht es wohl? Siehst du es auch? Dem Spiel folgt eine Strecke der Stille. Man zentriert und erdet sich dabei sehr und nimmt die Natur um sich herum viel intensiver wahr. Auch deshalb ist „Handy ausschalten" vor der Wanderung ganz wichtig.

Die Zeit ist wie im Flug vergangen und viel zu schnell sind wir wieder zurückgekehrt. Es heißt nun Abschied nehmen vom vertraut gewordenen Tier. Die Alpakas werden in der Regel nach der Wanderung nicht auf den Hof gebracht, sondern auf die 200 Meter entfernte Weide. Dort dürfen sie dann, bis sie am Abend wieder in den Stallbereich zurückgeholt werden, ihren Feierabend genießen und sich in der Staubbadewanne wälzen und fressen. Du darfst ihnen dabei gerne zuschauen. Auch das Halfter darfst du selber abnehmen, wenn du magst.

Abschied

Im Anschluss an die Wanderung zeigen wir dir gerne die anderen Tiere auf dem Hof und erzählen die eine oder andere lustige oder spannende Geschichte dazu. Und dann kehrst du in den Alltag zurück, mit großer Wahrscheinlichkeit um ein nachhaltiges Erlebnis bereichert, von dem du noch lange erzählen und zehren wirst.

Für uns ist es ein Kompliment mittlerweile viele Stammgäste zu haben, die uns regelmäßig besuchen. Sie kommen zum Wandern oder zum Picknick auf der Weide oder auch um beides zu genießen. Wir sind immer begeistert, wenn die Teilnehmer einer Wandergruppe beim Start noch ganz unsicher sind und viele Fragen haben – wieder am Hof angekommen sind sie dann beinahe die Ruhe selbst und haben ein Strahlen im Gesicht. Das sind immer die Momente, die bei uns eine Gänsehaut erzeugen und die uns zeigen, dass es genau so funktioniert, wie wir es uns erhoffen. Wir bauen Brücken zwischen Mensch und Tier mit Herz und Verstand.

Aufgepasst!

Viele giftige Pflanzen erkennen Alpakas, sie werden nicht gefressen. Dies gilt leider nicht für alle Pflanzen. So würde ein Alpaka das bereits in kleinen Mengen hochgiftige Jakobskreuzkraut oder die extrem toxische Eibe ohne zu zögern verspeisen, und das kann tödlich enden. Deshalb ist es so wichtig genau zu wissen, was auf einer Weide oder Wiese wächst.

Der Kindergeburtstag

Wir bieten auch an, Geburtstage für Kinder ab acht Jahren mit Alpakas zu gestalten. Es gibt dabei jede Menge Informationen und Wissenswertes rund um die Tiere, aber natürlich kommen Spaß und ein nachhaltiges Erlebnis nicht zu kurz. Die Gruppengröße ist auf insgesamt zehn Kinder festgelegt. Zu Beginn wird eine Geschichte vorgelesen, dann lernen die Kinder die Tiere kennen, dürfen Löwenzahn füttern und machen ein Führtraining. Dabei spielt erst ein Kind das Alpaka und das andere den Alpakaführer, dann wird gewechselt, sie führen sich so auch durch einen kleinen Hindernissparcour. Nachdem alle dran waren, geht es wieder zu den Tieren. Jeweils zwei Kinder kümmern sich um ein Alpaka. Ein Kind führt das Tier und das andere beobachtet und gibt gegebenfalls Tipps. Auf einer Strecke von vier Kilometern wird mehrmals gewechselt. Nach der Wanderung dürfen die Kinder die Tiere dann noch durch den Hindernissparcour führen. Das Führen im Gelände und das behutsame Führen durch den Hindernissparcour bildet die praktische Prüfung. Nach einer Stärkung wird dann die theoretische Alpakaführerscheinprüfung abgelegt und etwas aus der Alpakafaser gebastelt. Zum Abschluss eines Geburtstags wird feierlich der „Führerschein" mit dem Bild des Kindes mit seinem Alpaka überreicht. Natürlich gibt es bei uns keine „Durchfaller". Dann gibt es noch Infomaterial über Alpakas und eine Handvoll Fasern.

Aber Moment mal, das war ja nur eine Beschreibung des Geburtstags. Wir wollen ja auch die Kinder, die unser Buch lesen, unterhalten. Also: Schau dir die nächsten Seiten einmal näher an.

Alpakas sind sehr kinderfreundlich und neugierig.
Wenn sie sich sicher fühlen, kommen sie auch mal ganz nah. Fotos © Nadine Malzkorn

Liebe junge Leserin, lieber junger Leser,

die nächsten Seiten sind speziell für dich geschrieben. Wir wissen, dass Alpakas bei Kindern und Erwachsenen sehr beliebt sind. Dieses Buch ist ja überwiegend für Erwachsene geschrieben und neben den tollen Geschichten von unseren Tieren steht auch viel Information im Buch, die für dich vielleicht schnell langweilig wird. Darum haben wir beschlossen, dass wir wichtige Informationen über die Tiere extra für dich in einer tollen Geschichte verpacken. Und bist du schon gespannt darauf? Dann wünschen wir dir viel Spaß beim Lesen. Die Geschichte heißt: Henriette und die Alpakas. Henriette ist neun Jahre alt und geht in die vierte Klasse. Sie mag: Tiere, laufen, springen, rennen, lachen, malen, singen und ihre Freunde. Sie mag nicht: stillsitzen, leise sein, Ungerechtigkeit, Deutsch, Mathe, Englisch.

Am Montag geht es für einen Tag auf einen Klassenausflug auf den Henriette fast nicht mitfahren durfte, da sie in der Woche zuvor drei Mal zu spät zum Unterricht erschienen war. Aber zum Glück ist ja alles gut gegangen.

Alpakas sind so neugierig. Foto © Nadine Malzkorn

Auf der Weide solltest du dich immer schön langsam und ruhig bewegen. Foto © Shutterstock/ Yulia Nemchenko

Henriette und die Alpakas

Montag um 8 Uhr geht es pünktlich mit dem Bus von der Schule aus los. Henriette konnte vor Aufregung in der Nacht kaum schlafen. Sie würde Alpakas sehen, ganz nah, sie füttern und mit ihnen kuscheln. Alpakas sind ja so süß und sehen ein bisschen aus wie Einhörner, nur ohne Hörner. Zum Glück hat Henriettes Papa heute erst um 10 Uhr einen Termin bei einem Kunden, da kann er sie rechtzeitig zur Schule fahren und keine Hummel, die auf dem Weg zur Schule gerettet werden möchte, kann sie aufhalten. Das ist nämlich meistens der Grund für ihr Zuspätkommen: Sie muss Tiere aus Notsituationen befreien.

Henriette gefallen Alpakas bestimmt schon seit zwei Jahren ganz doll. Im Zoo in Dortmund gibt es zwei Alpakas und manchmal kommt eines der beiden auch ganz nah an den Zaun und man kann ein Selfie mit ihm machen. Aber streicheln, das war bei den Zootieren noch nie möglich. Heute würde es sicher klappen. „Die sind bestimmt ganz flauschig und lieb", denkt Henriette gerade, als ihr Papa aus dem Bad kommt. „Papa, wir müssen los, ich darf nicht zu spät kommen. Das wird bestimmt der schönste Tag meines Lebens. Nun komm schon, lass uns bitte schnell fahren." „Henriette, es ist gerade mal zehn nach sieben", jammert ihr Vater. „Es reicht dicke, wenn ich dich in einer halben Stunde zur Schule bringe. Ich brauche erst noch einen Kaffee." „Ach Papa, und dann fährt ein ganz langsamer Wagen vor uns oder es gibt eine Umleitung oder die Straße ist voller Tapetenkleister oder eine Entenfamilie mit 100 Kindern überquert die Straße und wir müssen warten, oder..." – „Stopp, ist ja schon gut" unterbricht ihr Vater, „noch einen Kaffee und dann fahren wir sofort los." „Aber nicht so langsam trinken, Papa", bittet Henriette. Während Papa den Kaffee austrinkt, läuft Henriette aufgeregt wie ein Tiger im Käfig in der Küche hin und her.

Endlich ist es soweit und es geht los. Ohne jegliche Unterbrechung kommen sie nun doch mehr als pünktlich an der Schule an. Sie sind sogar fast die Ersten. Papa verabschiedet sich noch und wünscht Henriette ganz viel Spaß und ein unvergessliches Erlebnis. Um kurz nach acht beginnt das Abenteuer. Ihre Lehrerin Frau

Kampinski ermahnt Henriette noch, sich wirklich zu benehmen, gut aufzupassen und zuzuhören, wenn etwas erklärt wird. Henriette verspricht, sich daran zu halten.

Die Fahrt dauert nur eine halbe Stunde. Der Lindenhof ist ein Tierschutzhof auf dem ganz viele Tiere leben. Die meisten davon stammen aus schlechter Haltung und hatten zuvor kein schönes Leben. Das Besondere ist die Alpakaherde, mit den Tieren kann man auch wandern. Ein Raunen geht plötzlich durch den Bus. „Wenn ihr nun nach rechts schaut, dann seht ihr schon den Hof und die Weide mit den Alpakas", erklärt der Busfahrer durch ein Mikrofon. „Da sind sie, sind die schön, oh sieh nur die beiden Fohlen, ich bin ja so aufgeregt", brüllt Henriette ihrer Freundin ins Ohr, mit der sie sich die Sitzbank teilt. „Du bist echt verrückt Henriette", lacht Jenny. „Wie kann man nur so vernarrt in diese Tiere sein?" „Die sehen einfach so süß aus mit ihren langen Hälsen und dem flauschigen Fell und den großen Augen und überhaupt möchte ich auch ein Alpaka haben. Ob man die wohl im Garten halten kann?" „So, ihr steigt leise und langsam, ohne Gedrängel, aus. Wir gehen zum Hof und alles Weitere erzählt euch dann Herr Weber, der Chef hier", erklärt Frau Kampinski durch das Mikrofon.

Ein Unfall und allerlei Wissenswertes

Während sie zum Eingang des Hofes gehen, kann Henriette ihren Blick gar nicht von den Tieren lösen und schaut sich beim Gehen immer wieder um. So bemerkt sie natürlich auch das Hindernis vor ihr nicht und läuft praktisch ungebremst dagegen. Das Hindernis ist Herr Weber und der lacht über den Unfall: „Na, da ist jemand sehr interessiert an den Tieren. So etwas darf dir aber gleich nicht passieren. Wenn du ein Alpaka führst, wäre es jetzt bestimmt vor Schreck weggelaufen."

„Das war nicht…habe ich doch…aber gut, dass Sie keine Laterne sind, das hätte gebumst." Henriette kichert verlegen und ärgert sich über den Blödsinn, den sie mal wieder von sich gibt. „Die ist immer so", tönt es von rechts, „darum heißt sie ja auch Henriette Kichererbse." „Kann Max nicht mal die Klappe halten?", denkt sich Henriette und ist ein bisschen verlegen.

„Soso, du bist also immer albern und machst Quatsch. Du bist wohl die Klassenclownin? Also Henriette, dann möchte ich dich gleich bitten, heute ernsthaft und konzentriert zu sein. Sonst kann ich dich nämlich nicht mit einem Tier vertraut machen, das wäre für euch beide zu gefährlich, einverstanden?" Herr Weber schmunzelt. „So, und nun erst mal an euch alle ein herzliches Willkommen auf dem Lindenhof. Heute findet ja der Abschluss eures Südamerikaprojektes statt. Zunächst werde ich euch den Hof und seine tierischen Bewohner vorstellen und anschließend geht es dann um unsere Kameliden. Es gibt die Altweltkameliden, das Trampeltier mit zwei Höckern und das Dromedar mit einem Höcker, die in Asien und Afrika zu Hause sind. Daneben gibt es die höckerlosen Neuweltkameliden, die aus Südamerika stammen. Sie leben hauptsächlich in den Andenregionen von Chile und Peru. Zu den Neuweltkamelen gehören…Wer weiß es von euch?" „Das Lama und das Alpaka", ruft Lena. „Stimmt", erklärt Herr Weber, „kennt ihr auch noch weitere Vertreter?" Keiner weiß eine Antwort darauf und so erzählt er weiter: „Dann gibt es die auch heute noch wild lebenden Vorfahren der beiden Arten, das Guanako und das Vikunja. Allen gemeinsam ist, dass sie spucken können und damit sagen: Halt, nicht weiter! Wenn also Artgenossen oder auch Menschen nicht näher kommen sollen, dann spucken die Tiere oder auch als Waffe, wenn sie wirklich kämpfen müssen. Dann würgen sie den Nahrungsbrei aus ihrem dritten Magenteil hoch und treffen damit aus drei Metern Entfernung sogar eine Fliege an der Wand." „Das kann ich auch", ruft Max und spuckt auf die Weide. „Oh, da haben wir ja noch einen Klassenclown", feixt Herr Weber, „aber die Alpakas können das wirklich besser." Max wird ganz rot und still. „Geschieht ihm recht", denkt Henriette.

In der nächsten Stunde zeigt Ihnen Herr Weber, den sie Uli nennen dürfen, die anderen Tiere. Sie dürfen Hühner füttern, die Schildkröte beobachten, Ziegen und Schafe streicheln und zuschauen, wie die Esel einige Tricks zeigen. Henriette kann es kaum erwarten, dass es endlich zu den Alpakas geht. Nach einer kurzen Essenspause ist es dann endlich soweit. „So, dann kommt mal bitte alle wieder mit. Wir gehen nun zu den Alpakas. Verhaltet euch bitte ruhig. Das heißt nicht schreien und/oder rennen. Alpakas sind Fluchttiere, die schnell erschrecken. Sie sind aber auch sehr neugierig und beruhigen sich wieder, wenn man selber ruhig bleibt und ihnen Sicherheit gibt." Uli erklärt der Gruppe einiges zu den Tieren, wo sie herkommen, was sie gerne fressen und was nicht. Henriette ist jetzt sehr enttäuscht. Sie hat

Immer schön vorsichtig sein beim Füttern und nur das geben, was der Halter empfiehlt. Foto © istock/Dakota Grasman

sich so darauf gefreut die Tiere zu streicheln, aber Uli erklärt den Kindern: „Wisst ihr, auch wenn Alpakas so knuddelig aussehen, Knuddeln mögen sie überhaupt nicht. Selbst unter den Tieren kommt es fast nie zu Körperkontakt, außer im Kampf und beim Spielen der Fohlen. Ganz selten kuscheln manche Stuten mit ihren Fohlen, die heißen in Südamerika übrigens Crias."

„Oh schaut mal", ruft Ben, „so wie die beiden?" Und tatsächlich geben sich Mia, die Mutterstute und ihr Cria Amelie gerade Küsschen. „Genau das meinte ich. Ihr habt wirklich Glück, das ist sehr selten zu beobachten. Da ihr aber bestimmt sehr neugierig seid, wie sich diese wertvolle Wolle der Tiere anfühlt, habe ich einen Korb voll mitgebracht. Hier könnt ihr gefahrlos tasten, ohne getreten oder angespuckt zu werden. Und jetzt erzähle ich euch noch etwas zum Charakter der Tiere, die wir auf unsere Wanderung mitnehmen und zeige euch, wie man die Tiere führt", fährt Uli fort.

Eine ganz besondere Wanderung

Nach weiteren zehn Minuten ist es dann endlich soweit. Die Tiere werden von Uli angehalftert und die Kinder den Tieren zugeteilt. Immer zwei Kinder teilen sich abwechselnd ein Tier. Uli bestimmt die Teams. Henriette meldet sich bei Bella, einem kleinen flauschigen Jungtier mit braunen großen Augen, aber Bella bekommen zwei andere Kinder. Schließlich sind alle Tiere verteilt, bis auf Nelli. Ausgerechnet Nelli und ausgerechnet mit Max, denkt Henriette und ist ganz missmutig. „So ihr beiden Clowns, ihr bekommt von mir eine echte Aufgabe. Nelli zu führen ist nicht leicht. Sie ist sehr vorsichtig und zurückhaltend. Wer mit ihr geht, muss das Herz am rechten Fleck haben und sich ganz auf das Tier einstellen. Ich bin mir sicher, ihr könnt das schaffen." „Oh nee, nicht so eine Zicke", mault Max. „Ich möchte lieber Silas, den Chef der Herde. Und mit der Kichererbse möchte ich auch kein Tier teilen, die bekommt das doch sowieso nicht hin." „Es bleibt dabei!", lautet Ulis Antwort. „Na, das kann ja was werden", denkt Henriette, „hübsch ist Nelli und ganz flauschig und schwarz, aber man sieht direkt, dass die unruhig und vorsichtig ist."

Eine besondere Aufgabe

Nelli soll mit den beiden am Ende der Gruppe gehen. Henriette beginnt als erste, das scheue Tier zu führen und zunächst klappt auch alles recht gut. Aber dann kann Henriette sich nicht zurückhalten. Sie weiß auch nicht warum, aber sie muss einfach die Hand ausstrecken und Nelli zumindest einmal ganz kurz anfassen. „Au", schreit sie gleich darauf. Kaum hat sie die Hand ausgestreckt und das Alpaka so gerade eben berührt, tritt Nelli auch direkt zur Seite aus und trifft Henriette am Oberschenkel. Sofort ist Uli zur Stelle – wie er das so schnell wohl mitbekommen hat? „Alles in Ordnung, Henriette?" fragt er. Er nimmt ihr den Führstrick ab und beruhigt das Tier. „Ich glaube, du hast gerade etwas gelernt, oder?", grinst er. „Tat es sehr weh?" „Nein, es geht, es war mehr der Schreck. Es tut mir leid, ich weiß auch nicht, warum ich das gemacht habe", stammelt Henriette. „Schon in Ordnung", erwidert Uli, „ihr beiden tauscht jetzt und Henriette, du atmest mal ganz ruhig durch." Max übernimmt Nelli und Henriette ist traurig. Sie wollte doch alles richtig machen und dann das. Wie konnte ihr das nur passieren. Sie schaut auf Max und Nelli. Max, der in der Gegend rumschaut und kaum auf Nelli achtet. Max, der trödelt und gar nicht sieht, dass der Abstand zwischen ihm und der Herde sehr groß wird. „Max, du musst etwas aufholen, sonst findet Nelli das gruselig", meint Henriette. Max erwidert jedoch nur: „Ach Kichererbse, du braucht gar nix zu sagen. Du hast doch den

Quatsch gemacht." Da passiert es. Nelli ist inzwischen ganz unruhig und ängstlich geworden, und weil die anderen Alpakas zu weit entfernt sind, beginnt sie zu laufen. Und weil Max sie sowieso schon zu weit vor sich hat laufen lassen, kann er sie nicht mehr halten, Nelli reißt sich los. Voller Panik rennt sie an der Herde vorbei, dreht nach rechts auf die Wiese und rennt dort mit fliegendem Strick bestimmt 30 Meter weit, dreht wieder ab, rennt auf die Herde zu, dreht ab und rennt weiter. Man sieht, dass ihr der Strick wirklich Angst macht. Einige der Kinder weinen, andere rufen wild durcheinander. Uli ruft laut: „Bleibt ganz ruhig, ich kümmere mich um Nelli. Zum Glück fahren hier keine Autos. Also bleibt bei euren Tieren." Als er losgehen will, sieht er, dass Henriette bereits auf dem Weg zu Nelli ist. Ganz langsam und ruhig geht sie seitlich auf das Tier zu, ohne es anzuschauen. Leise redet Henriette dabei mit der Stute. Nelli steht nun mit flatternden, geblähten Nüstern auf der Stelle und sieht sich ängstlich um. Ganz langsam bewegt sich Henriette weiter. Noch drei, dann noch zwei Meter. Henriette beobachtet Nelli nur aus den Augenwinkeln, die setzt sich nun langsam wieder in Bewegung, Henriette ist auf der gleichen Höhe und nähert sich Zentimeter um Zentimeter weiter an. Noch ein Meter, noch 50 cm, dann bückt sich Henriette ganz langsam und nimmt vorsichtig das Ende des Strickes auf. Nelli lässt das zu, bleibt ganz ruhig und Henriette kann sie zurück in die Herde führen.

„Das war ganz fantastisch von dir", meint Uli, „besser hätte ich Nelli auch nicht einfangen können. Du bist eine geborene Alpakaführerin." Für den Rest des Weges führt Henriette nun Nelli, Max hat nämlich keine Lust mehr. Es klappt wirklich so gut, dass Nelli sogar ruhig bleibt, wenn der Abstand zur Gruppe mal etwas größer wird. Bei der Abschlussbesprechung bekommt Henriette von den anderen riesigen Applaus und von Uli ein Plüschalpaka geschenkt, weil sie an diesem Tag von allen am bestem beim Tier war, mit Herz und Verstand. Sogar Frau Kampinski schaut sie mal nicht böse an: „Henriette, so wie heute habe ich dich ja noch nie erlebt. Du warst ganz ruhig und konzentriert. Sehr schön gemacht! Ich wünschte, du würdest dies auch mal in der Schule schaffen." „Dann schaffen Sie doch für die Klasse ein Schulalpaka an, dann kann ich mich bestimmt immer konzentrieren", entgegnet Henriette darauf. Alle müssen lachen. „Das ist nicht so einfach", mischt sich Uli ein, „ihr wisst ja nun das die Alpakas keine Haustiere sind und auch nicht einzeln gehalten werden sollen. Um sie zu halten, braucht man viel Platz, Ställe, gutes Futter, einen Tierarzt, der sich auskennt und mindestens zwei Tiere sollten es schon sein, entweder Stuten oder Hengste oder Wallache. Auf keinen Fall gemischte Gruppen, also eine Stute und ein Hengst. Außerdem braucht man Zeit um die Tiere zu versorgen, zu beobachten und zu trainieren. Alpakas werden bis zu 25 Jahre alt. Also eine lange Aufgabe mit großer Verantwortung, die man da übernimmt. Darum bin ich strikt gegen ein Schulalpaka! Aber ich habe etwas für euch als Andenken." Uli öffnet eine Kiste, die vor ihm steht und darin sind ganz viele Tüten aus Papier. „In diesen Tüten findet ihr etwas Alpakawolle von unseren Tieren, eine Postkarte mit den Alpakas und einen Prospekt von Lindenhof mit vielen tollen Fotos. Ich hoffe, es hat euch hier gefallen und vielleicht sehen wir uns ja noch mal wieder." „Ich könnte glatt hier einziehen", ruft Henriette laut, „es war so toll!" Wieder müssen alle lachen. „So", drängt Frau Kampinski, „wir müssen jetzt zur Schule zurück."

Ein tolles Angebot

„Begebt euch bitte ohne Gedrängel wieder zurück zum Bus. Ihnen ein Dankeschön für dieses wunderbare Erlebnis, Herr Weber, und von uns allen noch einen Applaus." Alle klatschen und machen sich dann auf den Weg zum Bus. Henriette kann sich sehr schwer lösen und blickt immer wieder zur Weide zurück. „Ach Henriette, warte bitte einen Moment", ruft Uli ihr hinterher. „Ich sehe, wie sehr du an den Tieren hängst. Ich könnte nachmittags oder am Wochenende gelegentlich Hilfe bei den Alpakas und den anderen Tieren gebrauchen. Mit dem Fahrrad brauchst du von der Stadt ja nur 20 Minuten bis hierher. Du hast doch ein Fahrrad, oder?" „Na klar habe ich eins. Sie, ich meine du, meinst das wirklich ernst, das ist keine Verarsch…, Entschuldigung, ich meine Veräppelung?" „So etwas würde ich nie sagen, wenn ich es nicht auch so meinen würde", erwidert Uli, „besprich es einfach mit deinen Eltern, wenn du magst. Ich würde mich freuen. Nelli habe ich noch nie so entspannt erlebt wie mit dir." „Mit meinem Vater", murmelt Henriette. Uli beugt sich zu ihr: „Was sagst du?" „Ach gar nichts, schon gut", antwortet sie. "Danke Uli, ich frage Papa, aber das klappt bestimmt. Tschüss!", und schnell läuft Henriette hinter den anderen her zum Bus. Sie fühlt sich so glücklich wie schon lange nicht mehr.

So schöne Selfies mit Alpaka sind ein Hauptgewinn. Foto © Shutterstock/ Tania Kolinko

Bild oben:
Endlich geht die Wanderung los.

Bild link:
Sogar die ganz Kleinen sind begeisterte Alpakafans.

Bild unten:
Und wie riechst du so? Fotos © Nadine Malzkorn

Der Alpaka-Führerschein

Bist du fit dafür?

Du hast nun bereits sehr viel über Andenkamele gelernt, traust du dich an die Führerscheinprüfungsfragen? Hier sind sie. Die Antworten findest du auf Seite 96

Fragen zum Ankreuzen:

1. Alpakas sind	☐ Raubtiere	☐ Fluchttiere	
2. Alpakas leben gerne als	☐ Einzelgänger	☐ Herdentier	
3. Alpakas fressen gerne	☐ Wurst und Käse	☐ Brot	☐ Heu und Gras
4. Alpakas kommen ursprünglich aus	☐ Amerika	☐ Asien	☐ Europa
	☐ Südamerika	☐ Australien	☐ dem Sauerland

Fragen, die du mit deinen eigenen Worten beantworten darfst:

5. Wie alt können Alpakas werden?

....

6. Wie heißen die Babys der Alpakas?

....

7. Dürfen Alpakas außer ihrem Hauptfutter auch etwas anderes fressen und wenn ja, was?

....

....

8. Wie heißen die männlichen Tiere?

....

9. Wie heißen die weiblichen Tiere?

....

10. Können Alpakas geritten werden?

....

11. Spucken Alpakas?

....

12. Mögen Alpakas es, gestreichelt zu werden?

....

Lustige Alpaka-Bastelideen

Das Origami-Alpaka – ein Bericht von Martin

Als wir uns vor einigen Jahren ein Konzept für die Kindergeburtstage überlegten, war auch schnell die Idee geboren, etwas mit den Kindern zu basteln. Also recherchierte ich im Internet und wurde auch schnell fündig. Ein Video, das in einfachen Schritten zeigt, wie man ein süßes Origami-Alpaka falten kann, begeisterte mich sofort. Ein Blatt Papier kostet nicht viel und ein wenig Falten kann ja wohl nicht so schwer sein. Als ich dann Sabine von meiner brillanten Idee berichtete, schaute sie mich nur entgeistert an. „Du und Origami??? Bei Origami handelt es sich um eine künstlerische Tätigkeit und das passt nicht zu deinen Werkzeughänden."

„Sie wird schon sehen, das bekomme ich auf jeden Fall hin", dachte ich. Zugegebenermaßen habe ich wirklich `Werkzeughände´. Ich hatte früher sogar Verbot von meinen Jungs, beim Lego bauen zu helfen, weil ich ihre Bauwerke meistens geschrottet habe.

Aber ein bisschen Papierfalten sollte ja wohl funktionieren. Also schnitt ich mir ein passendes Papier zurecht und los ging es mit dem Alpaka falten. Auf dem Video sah es ganz leicht nachzumachen aus und die ersten drei Faltungen klappten auch hervorragend, aber dann stockte mein Experiment auch schon. Also noch einmal das gesamte Video anschauen, um dadurch das große Ganze besser zu verstehen. Dann der nächste Versuch und der nächste und wieder der nächste, bis ich nach vier Stunden, vielen Flüchen und einem Zentner Papier endlich ein süßes, niedliches, wundervolles Origami-Alpaka fertig hatte. Dass andere meinten, es sähe aus wie ein Frosch, eine Kuh oder gar ein Klumpen Papier, störte mich nicht. Ich war stolz auf mein Alpaka.

Meine Faltversuche haben mich allerdings eins gelehrt: Ich habe eine große Hochachtung vor den Menschen, die die Kunst des Papierfaltens beherrschen. Wir basteln jetzt übrigens bei den Geburtstagen kleine Naturtraumfänger aus Alpakafaser oder filzen Alpakas.

Alpaka-Origami

Die auf den nächsten beiden Seiten abgebildete Origami-Anleitung ist urheberrechtlich geschützt und darf nicht vervielfältigt werden. Alle Rechte liegen bei Gregor Müller, der uns die Anleitung freundlicherweise und ausschließlich für dieses Buch zur Verfügung gestellt hat.

Eine bunte Alpakaherde selbst gebastelt. Design und Anleitung von Gregor Müller. Foto © Gerlinde Gröll

So wird's gemacht:

1

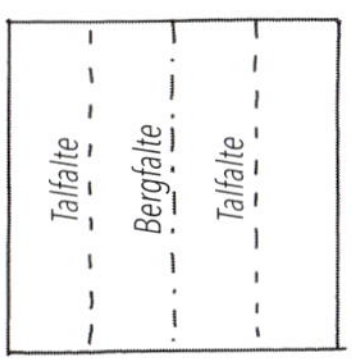

Falte das Papier entsprechend der Berg- und Talfalten im Zickzack (siehe Abb. 4), die weiße Seite soll oben sein

2

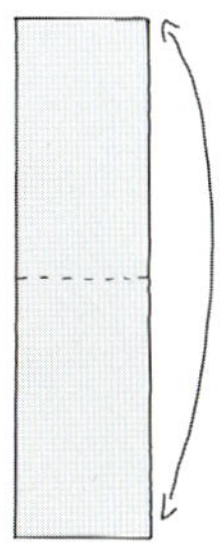

falten und öffnen

3

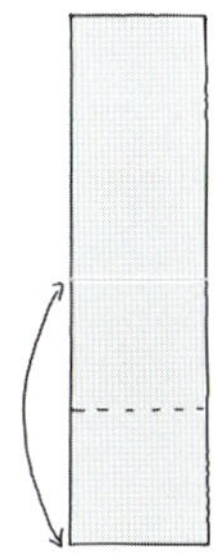

falten und öffnen

die geschlossenen Ränder liegen rechts

4

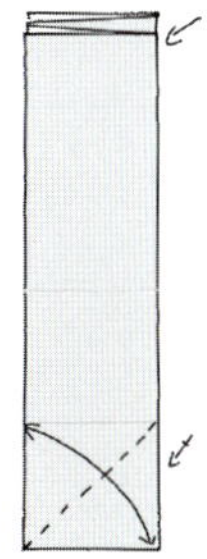

falte die obere Lage hin und zurück und wiederhole das auch rückseits

5

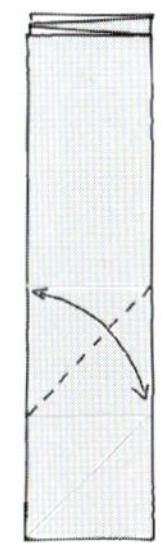

alle Lagen falten und öffnen

falten und öffnen, wiederhole es auch rückseits

6

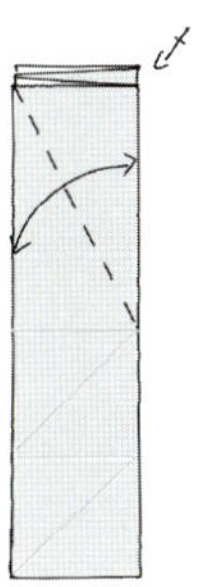

7

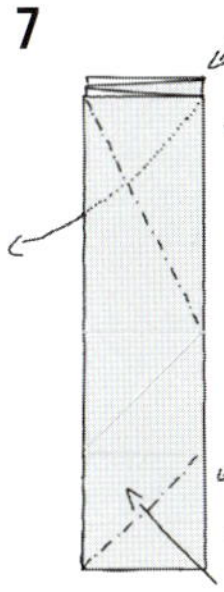

falt einen inneren Gegenbruch und wiederhole es auf der Rückseite

8

falte einen inneren Gegenbruch

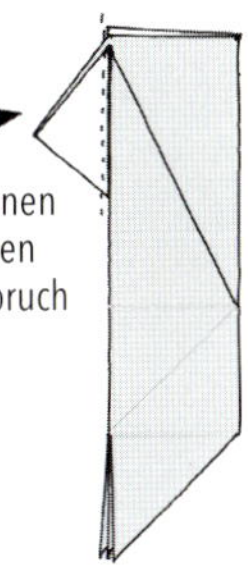

9

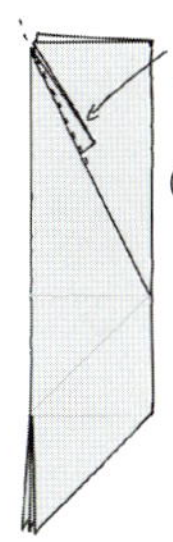

falte einen inneren Gegenbruch

10

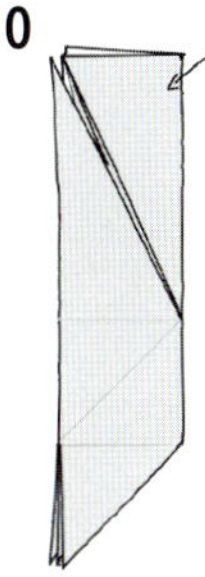

wiederhole Schritte 7 bis 9 auf dieser Klappe

11

12

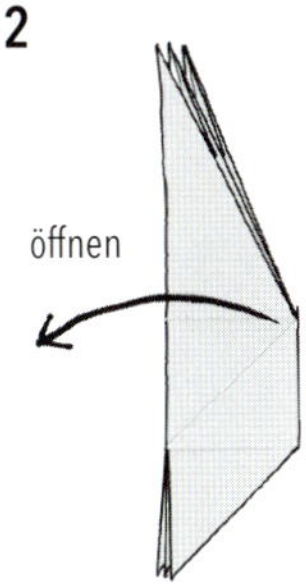

13

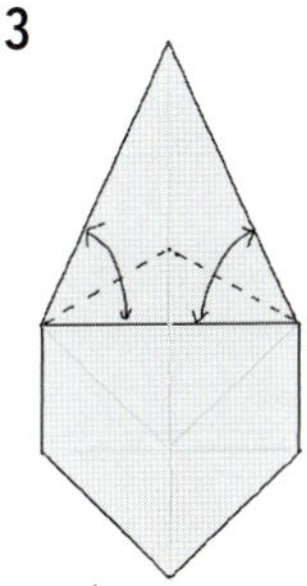

falten und öffnen

14

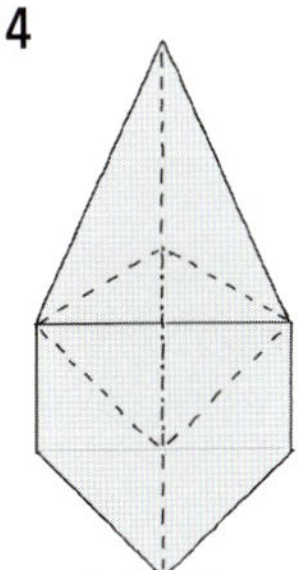

gemäß oben Berg- und Talfalten einklappen

15

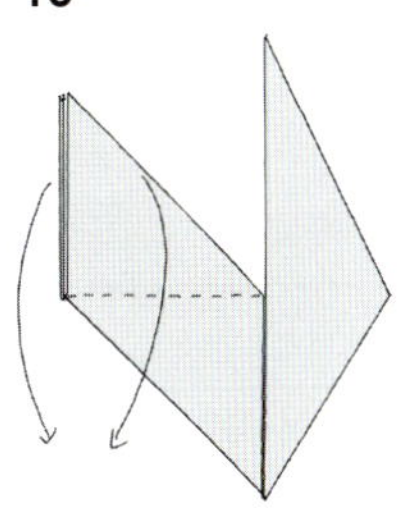

falte die äußeren Lagen nach unten

16

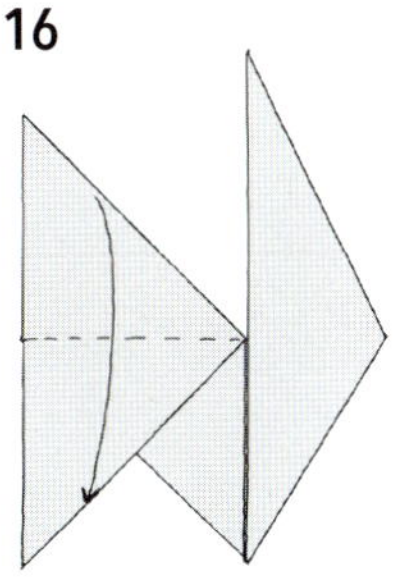

runterfalten

17

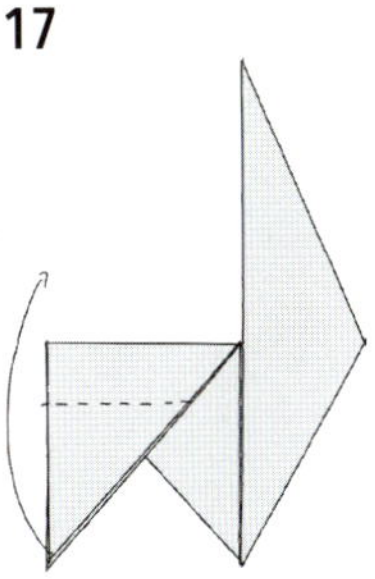

rauffalten

18

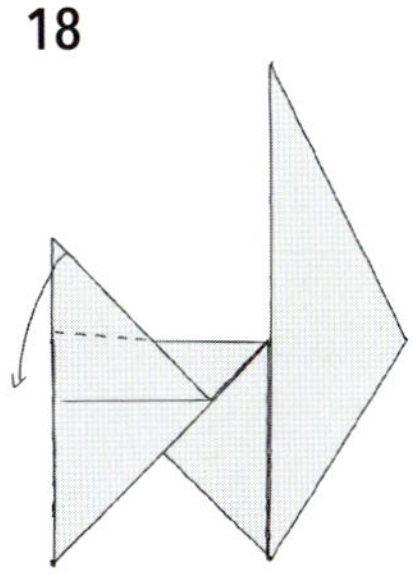

runterfalten

19

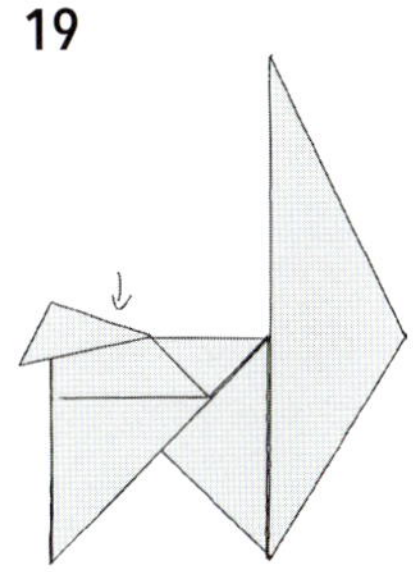

klapp den Schwanz auseinander

20

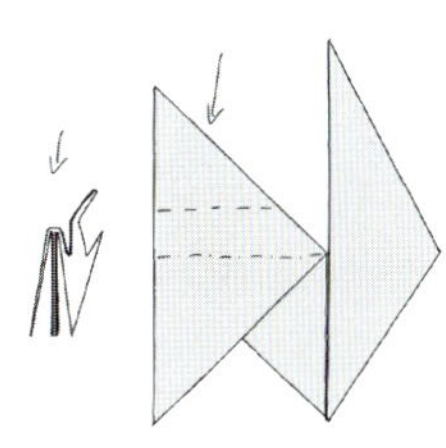

auffalten und an den gemachten Falten eindrücken (open sink)

21
öffne die Beine und das Vorderteil und schau von da

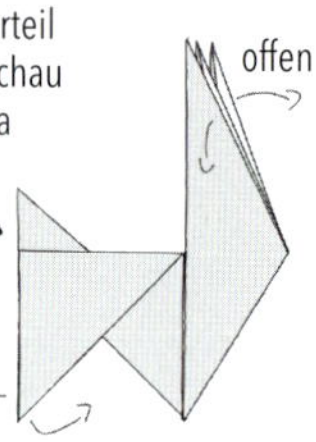

22

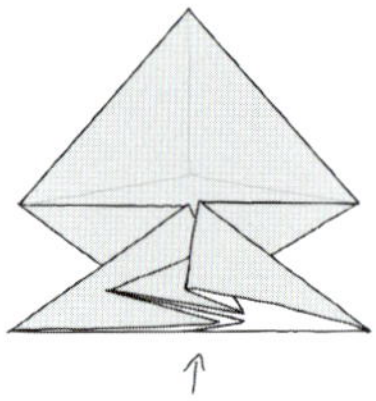

schau von der Unterseite

23

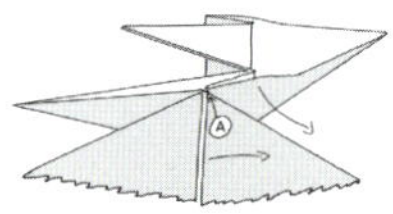

zieh die Lage vorsichtig auf

24

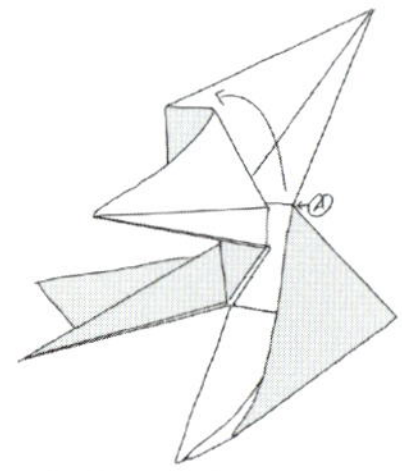

schiebe A in diese Tasche

25

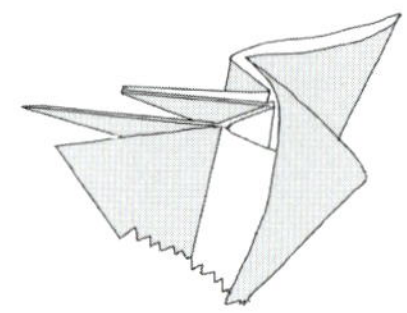

flachdrücken und von der Unterseite ansehen

26

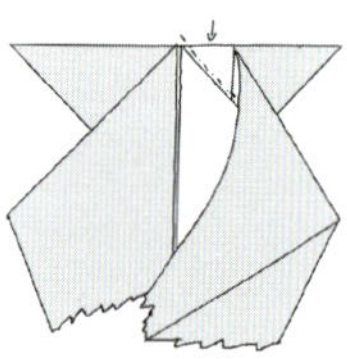

Falte die Ecken beider Lagen um den Schwanz hinten zu fixieren

27

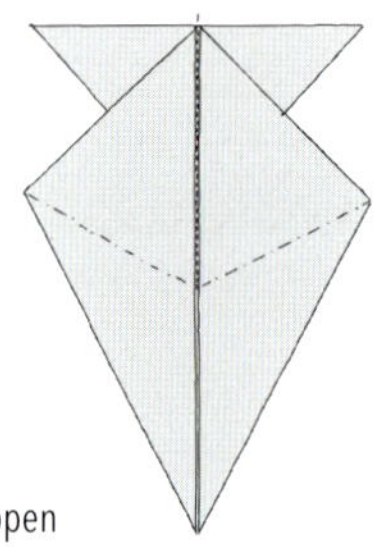

einklappen

28
knicke die Lage, damit sie zur Mittellage schaut

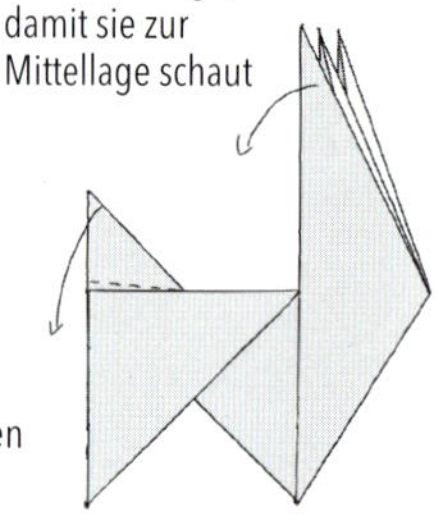

runterfalten

29
falte eine Kapuze

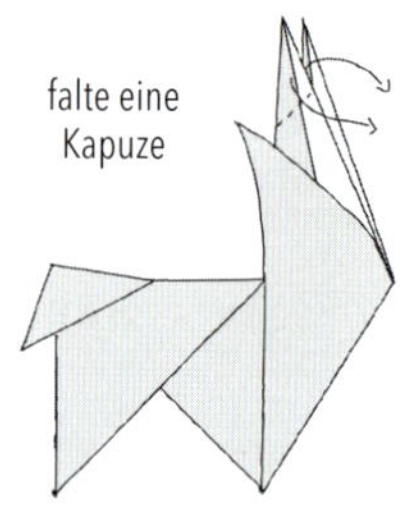

30
leicht öffnen und von hier schauen

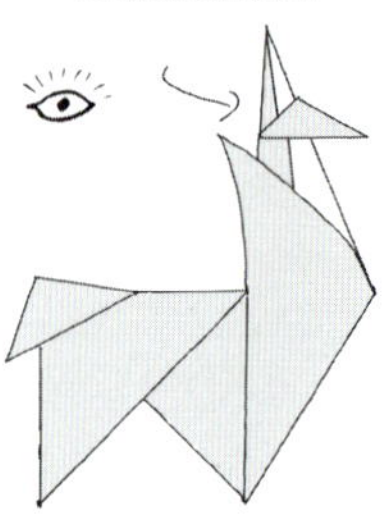

31

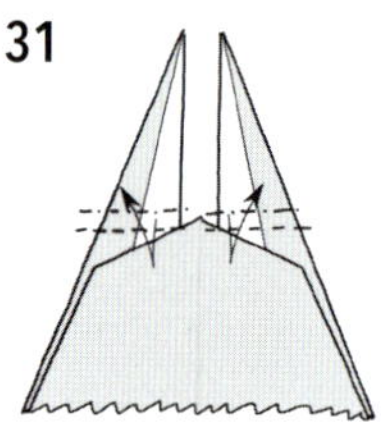

die Ohren über den Rand falten und das Modell schließen

32
ein Stück öffnen und von hier schauen

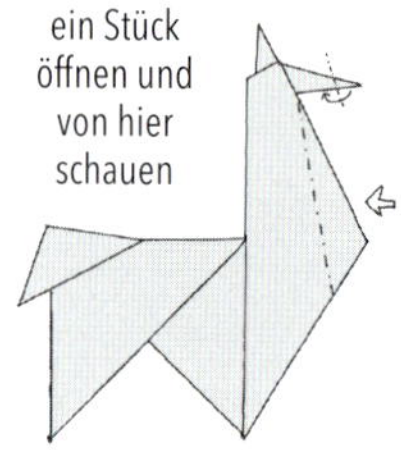

33
falte die rausstehende Ecke

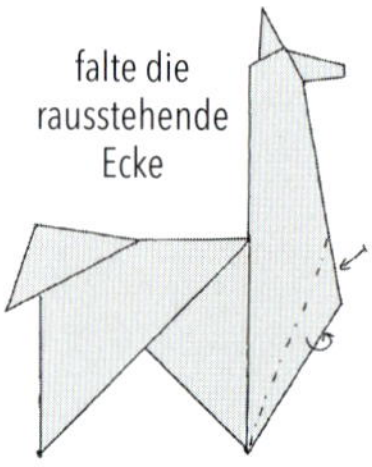

34
forme dein Modell, wenn du das möchtest

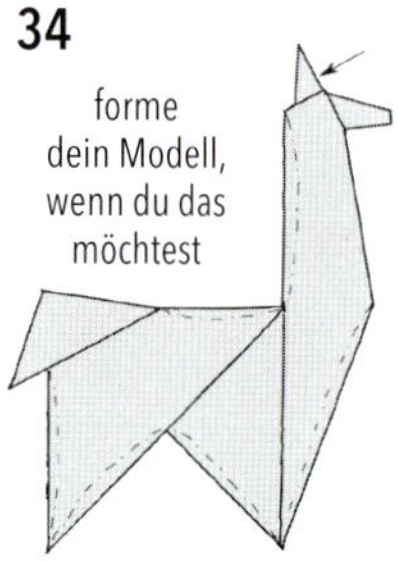

35
fertig

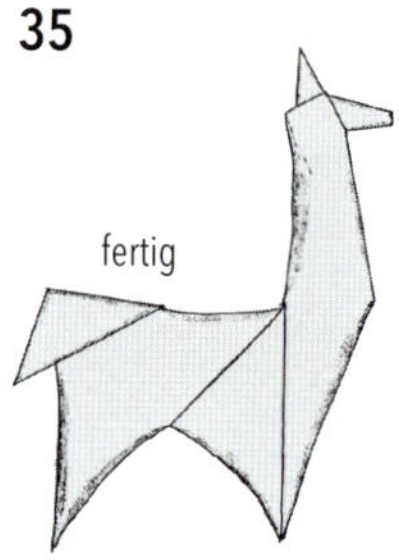

Foto © Gerlinde Gröll

Den Origami-Kanal von Gregor Müller findest Du auf https://www.youtube.com/c/creativeorigamigermany

Auf Instagram ist er unter @creative_origami_germany

Das Schritt-für-Schritt-Video zu diesem Origami-Alpaka findest Du unter https://bit.ly/3KCRgeX

Weitere Bastelideen

Vielleicht möchtest du auch einmal versuchen, ein Origami-Alpaka zu falten. Ganz viele Videos findest du dazu im Internet. Probiere es aus und schicke uns deine Versuche gerne als Foto zu. Du kannst auch kleine Papp-Alpakas basteln und als Spielfiguren für ein Würfelspiel verwenden, das du selber erfindest. Was meinst du dazu? Aufgaben könnten sein:

- Du traust dich an der flatternden Plastiktüte vorbei zu gehen? Würfel direkt noch einmal.
- Du ärgerst den Herdenchef und bevor er dich anspuckt, gehst du lieber drei Felder zurück.
- Heute werden die Nägel geschnitten. Setze eine Runde aus.

Dir fällt bestimmt ganz viel dazu ein. Wenn du möchtest, kannst du uns auch von deinem Spiel Fotos schicken.

Basteln mit Alpakawolle

Wenn du das Glück hast, an Alpakafaser zu kommen, kannst du richtig kreativ werden, es gibt nämlich jede Menge Bastelanleitungen dafür. Viele Alpakazüchter verschenken die kurzen Fasern, die sie ja sowieso nicht verarbeiten können. Du kannst Alpakas aus Pappkarton damit bekleben und dir damit ein Mobile basteln. Aus Weiden, Zweigen, Gräser und Faser können tolle Traumfänger entstehen. Auch selber Wolle zu spinnen, ist mit einer Handspindel gar nicht so schwer. Daraus kannst du dann Freundschaftsbänder knüpfen oder sogar etwas stricken. Spindeln findest du im Internet. Sie sind aus Holz und für etwa zehn Euro zu haben. Man kann sie aber auch selber bauen.

Die Wollfasern eignen sich auch gut zum Filzen, z.B. kannst du in einer Alpaka-Ausstechform ganz einfach trockenfilzen; die Formen findest du im Internet. Sie machen sich sehr gut als Weihnachtsbaumhänger oder als Lesezeichen. Aber pass beim Trockenfilzen gut auf deine Finger auf. Die Nadeln sind sehr spitz. Was für Ideen hast du noch?

Mit Alpakawolle lassen sich hübsche Figuren gestalten.
Der Wollkorb vom Sternschnuppenhof stammt von Frau Holle, oder?
Fotos © Nadine Malzkorn

Unsere Tiere sind nicht nur im Aussehen sehr unterschiedlich, auch der Charakter von jedem Alpaka ist ganz besonders und einzigartig.

ALPAKAS

Die Mädchengruppe besteht aus sechs Stuten beziehungsweise Hembras, die Jungensgruppe aus sechs Wallachen. Drei der Stuten sind Ankauftiere, zwei sind bei uns geboren und ein Tier ist ein Einsteller-Alpaka.

DIE STUTEN

Mara, geb. 20.05.2012

Mara ist ein echter Schatz. Sie ist ein ruhender Pol in der Herde. Ihre Stellung ist die der Leitstute, was sie sich aber nach Tagesform mit Muckefuck teilt. Bei Streitigkeiten der anderen beschwichtigt sie gelegentlich, indem sie sich dazwischen stellt. Mara ist sehr neugierig und aufgeschlossen. Sie lässt sich von Menschen, die sie mag auch gerne mal streicheln, zumindest am Hals. Im Gegensatz zu vielen anderen Alpakas geht Mara sehr schnell auf Menschen zu und schnuppert ihnen das Gesicht vorsichtig ab.

Gerade auf Kinder wirkt dieses Verhalten wie ein Alpakakuss; Mara hat sich damit schon viele Freunde gemacht. Die Stute hat bei uns zwei Crias geboren, nämlich Aponi und Emil. Mara war bei beiden eine sehr fürsorgliche und souveräne Mutter. Sie hat beide Nachwuchstiere selber im Alter von einem guten Jahr abgestillt. Maras Nägel wachsen enorm und müssen alle drei Wochen geschnitten werden. Dagegen gibt es Tiere wie Chewbacca, die bekommen ihre „Pediküre" nur einmal im Jahr, auf dem Schertisch.

Muckefuck, geb. 27.06.2013

Die Stute wird von uns liebevoll Spuckie genannt. Sie ist eine wahre Charakterstute, die sehr selbstbewusst ist und sowohl Menschen als auch Tieren gegenüber einen großen Individualabstand braucht. Und den fordert sie durch rigoroses Wegspucken auch ein. Ihr Spitzname ist also auch Programm. Spucki gehört zu den zwei Leitstuten. Auf Wanderungen läuft sie immer als erstes Tier und lässt sich sehr entspannt führen. Wer dabei ihr Vertrauen gewinnen kann, der darf sie auch sehr vorsichtig mal mit dem Handrücken am Hals berühren. Muckefuck hat bei uns zwei Crias geboren. Casper und Frodo sind beide ausgesprochen schöne Tiere und haben das Wesen ihrer Mutter geerbt.

Fotos © Nadine Malzkorn

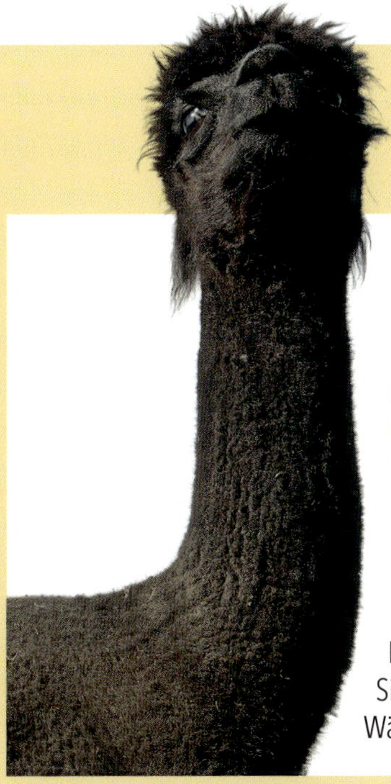

Nelli, geb. 30.05.2014

Nelli ist eine komplett tiefschwarze Stute. Sie zeichnet sich durch sehr gute Proportionen aus und hat qualitativ sehr hochwertige Fasern. Auch ihre beiden Crias Bilbo und Dasha sind wunderhübsche Tiere. Nelli ist sehr scheu und wird schnell panisch, wenn du ihr zu nahekommst. Ginge es nach Nelli, bräuchte es uns Menschen nicht zu geben. Wer aber in sich ruht und ihr die Gelegenheit bietet, langsam Vertrauen auszubauen, der gewinnt eine tolle Wanderpartnerin. Dann nimmt sie auch Wildkräuter aus der Hand an, nur Berührungen schätzt sie gar nicht. Nelli steht in der Rangordnung recht tief. Sie hat aber auch nicht das Bestreben dies zu ändern. In der Gruppe ist sie die Wächterin.

Aponi, geb. 19.04.2016

Aponi ist die erste Tochter von Mara und das erstgeborene Fohlen auf unserem Hof. Hätten wir uns damals wünschen dürfen, was das erste Cria werden und wie es aussehen soll, wir hätten eine schwarze Stute mit weißem Abzeichen auf der Stirn gewählt. Und tatsächlich ist unser Wunsch in Erfüllung gegangen. Sogar der bereits ausgewählte Name passte. Da das Erstgeborene einen Namen mit dem Anfangsbuchstaben A bekommen sollte, standen für ein Mädchen Aponi und für einen Jungen Atreju fest. Es wurde somit Aponi, was in einer indianischen Sprache Schmetterling bedeutet. Ihr Kopfabzeichen ähnelt tatsächlich einem Schmetterling. Aponi und Mara hatten eine sehr intensive Mutter-Kind-Beziehung. Die beiden lagen oft sehr dicht zusammen und Aponi hat ihrer Mutter in den ersten Wochen auch über die Nase geleckt. Diese enge Beziehung der beiden ist bis heute geblieben. Auf Wanderungen ist Aponi immer in der Nähe ihrer Mutter anzutreffen. Eine von beiden ohne die andere herauszunehmen würde nicht funktionieren und die Tiere sehr stressen. Aponi ist in der Rangordnung auf Position drei. Sie ist enorm stimmfreudig. Das heißt sie singt das charakteristische Alpakasummen von morgens bis abends und drückt damit ihre Stimmungen aus. 2019 wäre sie selber fast Mutter geworden. Leider stellte sich nach 380 Tagen Tragezeit heraus, dass sich das Cria in Steißlage befand. Sie wurde dann gleich zu unseren Tierärzten gefahren und notoperiert. Leider war das Hengstfohlen nicht mehr zu retten. Aponi hat aber zum Glück alles ohne weitere Auswirkungen überlebt.

Fotos © Nadine Malzkorn

Dasha, geb. 29.03.2018

Dasha ist das zweite Fohlen von Nelli und eine Vollschwester von Bilbo. Dasha war bis vor zwei Monaten eher schüchtern und ruhig. Menschen gegenüber verhielt sie sich sehr reserviert, aber man konnte ohne Probleme mit ihr umgehen und z.B. die Nägel schneiden. Nun mit 3,5 Jahren ist sie ausgewachsen und wird immer selbstbewusster. Wenn ihr etwas nicht passt, spuckt oder tritt sie jetzt auch mal nach allen, auch nach uns Menschen. Im Moment arbeiten wir daran, sie zu beruhigen und dahingehend auszubilden, dass das tägliche Handling weiterhin kein Problem sein wird. Ansonsten ist sie eine recht neugierige Stute und sehr attraktiv. Es gibt wohl kaum ein anderes Tier mit so wunderschönen Augen!

Leonie, geb. 26.06.2019

Leonie ist eine Einsteller-Stute und lebt seit Dezember 2020 in unserer Herde. Sie wurde von ihrer Besitzerin Paula aus einem Betrieb heraus gekauft, da ihr die dortigen Haltungsbedingungen nicht gefielen. Paula hat über ihren Instagram-Account flowmitpaula nach einer neuen Herde für Leonie gesucht und die WG unseres Sohnes hat sich gedacht, besser als auf dem Sternschnuppenhof kann es Leonie doch gar nicht gehen. Nachdem Paula bei uns war und alles besichtigt hat war klar, dass Leonie bei uns einzieht. Leonie ist sehr schüchtern und hat sich Dasha als große Schwester ausgewählt. Sie sucht ständig die Nähe von Dasha und wie das so mit den großen Schwestern ist, findet Dasha es mal gut und dann wieder ist sie sehr genervt von Leonie. Mittlerweile können wir sie recht gut halftern und auch andere Versorgungstätigkeiten und Gesundheitsvorsorgemaßnahmen problemlos und stressfrei bei ihr durchführen. Leonie lässt sich auch gut am Halfter auf die Weide bringen. Auf der Instagram-Seite von Paula findest du Fotos von Leonie als kleines Fohlen.

DIE WALLACHE

Die Jungensgruppe besteht aus sechs Wallachen, von denen vier Tiere bei uns geboren wurden. Wir trennen Stuten und Wallache voneinander, um Unruhe und Rivalitäten zu vermeiden. Abends stehen beide Gruppen, durch einen Holzzaun getrennt, bei uns auf dem Hof. Wanderungen sind ohne Probleme mit allen Tieren gemeinsam möglich.

Heinz, geb. 11.05.2011

Heinz gehört zu den beiden Tieren, mit denen wir 2012 die tiergestützte Arbeit mit den Neuweltkameliden entwickelt haben. Heinz war damals 14 Monate alt, bereits kastriert und noch roh. Das heißt, wir haben ihn komplett ausbilden müssen. Heinz ist der unangefochtene Herdenchef und ein wahrer Riese. Mit ungefähr 80 kg Körpergewicht ist er schon beeindruckend und wirkt fast wie ein kleines Lama. Er hat ein tolles Wesen, ist neugierig und mutig. Er lernt gerne Neues, z.B. kleine Kunststücke oder Zirkuslektionen. Er geht auch gut über Hindernisse. Heinz hat allerdings auch einen ausgeprägten Willen. Auf Wanderungen lotet er schnell aus, ob der Mensch am anderen Ende des Strickes sich durchzusetzen vermag. Sollte dies nicht der Fall sein, frisst er, wo er möchte und kann einen schon zur Verzweiflung bringen. Wenn die Menschen, die mit ihm wandern wollen, sich respektlos, hektisch und laut verhalten oder an ihm herumziehen, dann kann er auch vollkommen blockieren und die Wanderung sprengen, in dem er keinen Schritt weitergeht und sich sogar auf den Boden legt. Heinz ist sehr verfressen und wir müssen bei der Zusatzfuttergabe darauf achten, dass die anderen Jungs genug bekommen.

Fotos © Nadine Malzkorn

Chewbacca, geb. 20.09.2011

Chewbacca hieß eigentlich van Gogh, als wir ihn 2012 kauften. Normalerweise behalten Tiere die bereits einen Namen haben diesen auch, wenn sie bei uns einziehen. Als unsere Söhne Chewbacca kennenlernten war die erste Reaktion: „Der sieht ja aus wie der Chewbacca aus Star Wars. Könnt ihr den nicht so nennen?" Da ja tatsächlich ein wenig Ähnlichkeit zu erkennen ist und auch das Alpakasummen der Sprache des Filmwesens gleicht, ließen wir uns überreden und so zog dann Chewbacca, oder kurz Chewy, bei uns ein. Er ist ein echter Schatz und in jeder Hinsicht unkompliziert. Er ist nie in Rangposition-Rangeleien verwickelt, geht beim Wandern immer als erstes Tier, ist sehr neugierig und lässt sich gerne auf neue Aufgaben und Herausforderungen ein wie etwa Parcourhindernisse. Chewy ist der ruhende Pol der gesamten Herde. Kurios ist sein Zehennagelwachstum. Während wir Tiere haben, die wir alle drei Wochen bearbeiten müssen, reicht eine Pediküre im Jahr, und die wird zur Schur durchgeführt.

Bilbo, geb. 30.08.2016

Bilbo ist das erste Hengstfohlen, das bei uns geboren wurde. Seine Mutter Nelli, die uns Menschen ja eher als sehr unnötig und überflüssig empfindet, hatte ihn uns mal eben vor der ersten Futterrunde um 8.30 Uhr in den Stall gelegt. Die Geburt muss auch wirklich kurz zuvor passiert sein, denn die Nachgeburt war noch nicht ausgetreten und Bilbo lag noch im Stroh. Bilbo ist bei uns das bewollteste Tier, die Faserernte liegt bei ihm bei ca. 2,5 kg. Er ist mit seiner weißen Grundfarbe und den Tausenden von kleinen und kleinsten braunen Flecken ein wahrer Hingucker. Die Flecken und Fleckchen sieht man am besten direkt nach seiner Schur. Diese Farbvariante nennt sich Appaloosa. Er braucht von allen Tieren den größten Individualabstand und liegt oft alleine. Bilbo ruht in sich und wandert gerne. Er ist dabei immer das letzte Tier und träumt vor sich hin. Wenn er merkt, dass er mal wieder den Anschluss verloren hat, wird er allerdings hektisch und läuft los, um an die Gruppe wieder aufzuschließen. Bilbo kann sehr nachtragend sein. Unsere letztjährige Freiwillige im ökologischen Jahr hatte ihn mal bei Regen, den er überhaupt nicht mag, aus dem Stall geschmissen, um besser misten zu können. Das quittierte er ihr mit Spucken und Treten und zwar nicht nur in dieser Situation, sondern das restliche halbe Jahr ihres Praktikums. Die beiden konnten sich fortan gegenseitig nicht mehr leiden. Die Praktikantin hätte ihn auch nicht mehr auf eine Wanderung mitnehmen können. Bilbo hat bisher die meisten Patenschaften, darunter auch eine Lebenspatenschaft. Leider kann er nicht über Futterbelohnung trainiert werden, da er nicht aus der Hand frisst.

Casper, geb. 09.08.2017

Unser Casper ist ein ganz besonderes Tier. Für ein Alpaka ist er sehr zahm und lässt sich auch von Fremden, wenn sie respektvoll auf ihn zugehen, durchaus streicheln. Optisch ist Casper einfach phantastisch geraten. Allerdings ist er für ein Alpaka sehr klein geblieben. Da seine Hoden erst in einem Alter von 2,5 Jahren aus dem Leistenkanal abgestiegen sind – normalerweise geschieht dies im Alter von 1,5 Jahren – liegt die Vermutung nahe, dass sein Wachstum, hormonell beeinflusst, damit zusammenhängen könnte. Casper ist trotz seiner Größe nach Heinz das ranghöchste Tier. Er ruht in sich und ist sehr mutig. Sein großes Vorbild ist Heinz, von dem er sich alles abschaut, im Guten wie im Blödsinn machen.

Emil, geb. 03.04.2018

Emil ist Ostern 2018, vier Tage nach der Geburt von Dasha, an einem Tag mit schönsten Sonnenschein geboren worden. Mara legte ihn sozusagen als Osterei nach einer Tragezeit von nur 343 Tagen ins Nest. Wir hatten noch gar nicht mit seiner Geburt gerechnet, zwei weitere Wochen hatten wir noch eingeplant. Wir nahmen die frühe Geburt aber als Geschenk, denn zwei gleichaltrige Fohlen gemeinsam aufwachsen zu sehen, das ist schon toll. Dasha und Emil waren unzertrennlich und tobten und tollten durch den Frühling und den Sommer. Für uns war es eine wundervolle Zeit, und es machte einfach nur Freude den beiden Tieren beim Welt entdecken zuzuschauen. Emil wurde nach knapp einem Jahr selber von Mara abgesetzt, indem sie ihn immer weniger und schließlich gar nicht mehr saugen ließ. Als Emil in die Pubertät kam, orientierte er sich plötzlich nicht mehr an Dasha, sondern am fünf Monate jüngeren Frodo. Die zwei waren von da an das Duo Infernale. Sie tobten ständig über die Weide, nervten die anderen Tiere und erprobten sich in Kampfspielen. Als Emil im Alter von 1,5 Jahren immer häufiger versuchte die Stuten zu decken – was die sich aber nicht gefallen ließen – zogen er und Frodo in die Jungengruppe. Bis zum Alter von 2,5 Jahren war Emil ein echtes Ekelpaket. Wir wurden bei allen möglichen Alltagssituationen getreten, beim Halftern, Nägel schneiden, bei der Gewichts- und Zahnkontrolle, beim Spritzen von Wurmmitteln und beim Wandern. Und einfach auch mal nur so im Vorbeigehen. Er war echt ätzend und für eine Wanderung völlig untauglich. Diese Phase war dann fast von einem auf den anderen Tag vorbei und Emil wurde ein Traum-Alpaka. Er ruht in sich und tritt und spuckt in keiner Situation mehr nach Menschen. Bei den Wanderungen läuft er vorne, ist mutig neuen Situationen gegenüber und sehr zutraulich.

Fotos © Nadine Malzkorn

Frodo, geb. 27.09.2018

Frodo ist der Sohn von Muckefuck und Pepe, einem sehr guten Zuchthengst. Das spiegelt sich auch in seinem Aussehen und seiner Faserqualität wider. Frodo ist das frechste Tier, das wir jemals hatten. Bereits im Alter von drei Tagen begann er die anderen Alpakas zu nerven und sprang ihnen beim Liegen und Relaxen auf den Rücken. Er ärgerte sie so lange, bis sie aufstanden. In der Stutengruppe hatte er auch ziemliche Narrenfreiheit. Als er mit einem Jahr zu den Wallachen umzog, änderte sich sein Verhalten jedoch nicht und auch wenn Heinz ihn zwischendurch sehr in seine Schranken wies, störte ihn das nicht im Geringsten. Nach ein paar Wochen ärgerte er Heinz so sehr, dass dieser nach etlichen Warnungen auf Frodo sprang. Es sah so aus, als ob alle seine Beine gebrochen wären. Er lag tatsächlich mehrere Minuten bewegungslos auf der Weide. Nach einer gefühlten Ewigkeit stand er auf, schüttelte sich und ging zu Heinz, um ihn weiter zu ärgern. Frodo ist in der tiergestützten Arbeit sehr gut einzusetzen und lässt sich neugierig und interessiert auf neue Menschen und Situationen ein. Er hat in der Herde noch nicht wirklich seine Position gefunden. Mal schauen, wie er sich weiterentwickelt.

Foto © Nadine Malzkorn

DIE HENGSTE ...

... gibt es in der Herde von Wollmanns nicht, weil die ganz schön oft auf Krawall aus sind.

Junghengste testen ihre Stärke aus. Fotos © Nadine Malzkorn

AUS DEM LEBEN EINES ALPAKAS …

Wie sieht eigentlich so ein Alpakaleben aus?

Auf dem Sternschnuppenhof bilden wir mit den Tieren eine Art Gemeinschaft und kennen ihre Lebensphasen: Geburt, Prägezeit, Ausbildung.

… AUF DEM

Fotos © Nadine Malzkorn

Außerdem bringt jeder Tag bestimmte Aufgaben für die Andenkamele und auch für uns mit sich.

Und natürlich gehört zu einem Alpakaleben auch das Älter werden und Abschied nehmen dazu.

STERN-SCHNUPPENHOF

Wie alles begann

Als vor zehn Jahren unsere ersten beiden Alpakas bei uns einzogen, war das der Beginn einer wahrhaft spannenden „Reise". Wir waren vorbereitet, der Stall und die Weide waren bezugsfertig, die Zäune gesetzt, die Stallapotheke stand bereit und auch die tierärztliche Praxis war gefunden.

Gregor und Timo Schwermann berieten uns sehr gut und wir holten die einjährigen Wallache Heinz und Chewbacca zu uns. Beide waren bereits in Balve Weidefreunde gewesen und passten gut zusammen. Menschen gegenüber verhielten sie sich außerdem sehr entspannt. Beide Tiere waren allerdings noch nicht an das Halfter gewöhnt und hatten auch sonst keine Ausbildung erfahren. Also starteten wir als Alpakaneuhalter mit dem kompletten Rundumpaket und das war nicht einfach. Letztendlich haben wir es aber geschafft, unsere ersten Jungs durch die Pubertät zu bekommen und sie ganz gut zu prägen.

Alpakamutter mit ihrem Fohlen von Züchter Gregor Schwermann.

Foto © Nadine Malzkorn

Zwei Tiere sind noch keine Herde

Was uns auch schnell deutlich wurde war, dass zwei Tiere noch keine Herde sind. Wir hatten schließlich viele Stunden bei den Schwermanns auf der Weide verbracht und konnten dort die Tiere beobachten. So zogen dann also innerhalb der nächsten zwei Jahre die ersten beiden Stuten Mara und Muckefuck ein. Auch diese beiden Tiere kauften wir einjährig. Vielleicht wäre es auch bei der Dreiergruppe mit Mara geblieben. Als Heinz jedoch ungefähr 2,5 Jahre alt wurde, wollte er Mara ständig decken und so mussten wir die Wallache von der Stute trennen und es zog Muckefuck ein. Schließlich kam auch noch Nelli dazu.

Stallungen und auch Weideflächen, um weitere Tiere aufzunehmen, hatten wir genug und so entschlossen wir uns, die Stuten decken zu lassen und auf diese Weise den gesamten Lebenszyklus der Alpakas

Aufgepasst

Nachwuchsalpakas orientieren sich meist an den älteren Tieren, sie werden sogar von ihnen miterzogen. Wenn du mit der Haltung starten möchtest, suche zunächst einmal nach Tieren, die bereits eine gute Grundausbildung genossen haben, nicht fehlgeprägt sind und auch nichts Schlechtes im Umgang mit Menschen erlebt haben.

Je mehr Alpakas, umso wohler fühlen sich die Tiere. Foto © Nadine Malzkorn

hier auf dem Hof mitzuerleben. Es war uns wichtig, die Fohlen schon sehr früh an uns, die Kinder und alles Weitere zu gewöhnen, um sie so schließlich gut auf ihre Aufgabe als tierische Mitarbeiter in der tiergestützten sozialpädagogischen Arbeit vorzubereiten. Dies war, wie sich heute sagen lässt, ein voller Erfolg. Alle sechs bei uns geborenen Tiere sind phantastisch. Die Trächtigkeit und zum Teil sogar die unmittelbare Geburt und das Aufwachsen der Tiere mitzuerleben, war für alle hier auf dem Hof ein unbeschreibliches Abenteuer. Mit den Schwermanns hatten wir kompetente Züchter, die uns in allen Fragen wie etwa „Welchen Zuchthengst nehmen wir für welche Stute?" und tausend weitere, geduldig und kompetent unterstützt haben. Nun sind unsere Weideflächen und Stallkapazitäten mit den zwölf Tieren ausgeschöpft und wir würden keines unserer liebgewonnenen, gut ausgebildeten und einzigartigen Tiere abgeben. Somit wird es bei uns also erstmal keinen weiteren Alpakanachwuchs mehr geben.

Wie bei allen Lebewesen sind auch die Kinder von Alpakas einfach nur liebenswert. Foto © Nadine Malzkorn

Die Tragzeit von Alpakas

Die Crias, also die Fohlen der Alpakas, kommen nach einer Tragezeit von 340-380 Tagen zur Welt. Die normale Tragedauer liegt im Schnitt bei 356 Tagen, jedoch sind äußere oder gesundheitliche Faktoren mit dafür verantwortlich, wie lange die Stute tatsächlich trägt. So können Stress, Wetter, Futterangebot, Parasiten, Mineralversorgung oder auch nur ein anderes, gerade geborenes Cria durchaus die Tragezeit beeinflussen. In der Regel werden die Nachkommen zwischen 8 und 14 Uhr geboren. Da die Stuten ihre Fohlen nicht trocken lecken, werden die Crias, auch in den Andenregionen ab 3.000 Meter Höhenlage, über den Tag von Wind und Sonne getrocknet. Das ist in den Heimatregionen wegen der empfindlich kalten Nachttemperaturen natürlich sehr wichtig.

Mehrlingsgeburten sind bei Alpakas äußerst selten. Uns ist nur ein Fall bekannt bei dem die Zwillinge überlebt haben. Gefühlt besteht so ein Neugeborenes nur aus Bein und Hals. Die Jungtiere haben ein Geburtsgewicht von 5-10 kg und kommen überwiegend spontan und ohne unsere Hilfe zur Welt. Wir konnten fünf Geburten ohne Komplikationen erleben. Es kommen aber auch ab und zu Fehllagen vor, bei denen das

Einwirken des Menschen nötig wird. Damit wir alles richtig machen, haben wir uns auf Trächtigkeit und Geburt unserer Alpakas in einem Seminar von Dr. Hendrik Wagner, Leiter der Abteilung Gynäkologie Kleine Klauentiere (Tierärztliche Hochschule Gießen), fortgebildet und das war, wie sich später herausstellte, auch sehr wichtig für uns.

Echt interessant

Die Natur ist sehr erfinderisch, das gilt auch für Alpakageburten. Dadurch, dass sich die Vorderbeine an Kopf und Hals vorbeischieben, wird der Schulterbereich ganz schmal. Probier das doch mal selber aus und streck deine Arme noch oben. Merkst du, wie sich die Lage der Schultern verändert?

Caspers Geburt – ein Bericht von Martin

In einem Social Media Video Interview, das ich vor einigen Jahren einer Zeitung gab, erwähnte ich dieses Geburtshilfeseminar und es wurde in einem Kommentar dazu geschrieben: „Haha, Geburtshilfe beim Alpaka. Die Menschen in Bolivien würden sich kaputtlachen."

Es mag wohl sein, dass es für Menschen in Südamerika, die bereits ab frühestem Kindesalter mit Andenkamelen groß werden, eine Selbstverständlichkeit ist, bei einer Fehllage des Fohlens in der Gebärmutter das Richtige zu entscheiden und auch zu tun. Für uns war es keine Selbstverständlichkeit und so waren wir froh, dieses Seminar besucht zu haben und konnten bei Caspers Geburt ruhig und besonnen die richtigen lebensrettenden Maßnahmen ergreifen. Casper wurde am 9.8.2017 geboren. Bereits am Tag zuvor merkten wir am Verhalten der Stute, dass es wohl bald losgehen würde. Die Geburten unserer ersten Fohlen durften wir schon miterleben und waren also gut vorbereitet. Normalerweise schiebt sich zunächst der Kopf in den Geburtskanal und an Kopf und Hals schieben sich dann die Vorderbeine vorbei. Auf diese Weise wird der Schulterbereich so schmal, dass er durch den Geburtskanal hindurch passt.

Wenn Vorderbeine und Kopf erstmal herausgekommen sind, ist die Geburt meistens kein Problem mehr. An diesem Morgen bei Caspers Geburt war jedoch alles anders. Seit 7 Uhr schauten wir im 15-Minuten-Takt immer wieder bei den Stuten vorbei. Die Wallache waren auf der Tagesweide und die Mädelsgruppe stand, wie bei einer Geburt bei uns üblich, im Nachtstall beziehungsweise auf der Hausweide. Ich war gerade dabei das Gelände zu harken, als ich auffällige, stöhnende Geräusche von Muckefuck hörte. Sofort war ich bei ihr und untersuchte auf Sicht hin den Geburtsvorgang. Tatsächlich war die Nase des Neuankömmlings bereits zu sehen. Ich rief Sabine, um ihr von dem bevorstehenden Ereignis zu berichten. Alles was notwendig war, von

Die Fohlen spielen immer gerne. Foto © Nadine Malzkorn

Ein Fohlen trinkt bei der Mutter. Foto © Nadine Malzkorn

Handtüchern, Föhn bis Einweghandschuhe und Nabelspray, lag seit Tagen in der Geburtskiste. Wir beobachteten, genau wie die anderen drei Stuten, aus einiger Entfernung das Geschehen und sahen in den kommenden 30 Minuten kaum eine Veränderung. Die Mutterstute stand auf dem Paddock und versuchte zu pressen. Zwischendurch legte sie sich hin um kurz darauf wieder aufzustehen. Da ging es schließlich doch weiter. Die zunächst kleine Nase wurde größer und größer und schon war der Kopf des Fohlens zu sehen; von den Beinchen keine Spur.

Eine schwere Geburt

Das sah nicht gut aus. Zumindest war uns klar, dass es keine Steiß- oder Rückenlage war, die eine sofortige Fahrt in die Tierklinik erforderlich gemacht hätte. Nach einer weiteren gefühlten Ewigkeit – wahrscheinlich waren es nur 5 Minuten – versuchten wir die Tierarztpraxis zu erreichen, es schaltete sich aber zunächst nur der Anrufbeantworter ein. Bis eine Tierärztin von der Praxis aus bis zu uns gefahren ist, dauert es ungefähr 30 Minuten, also war das wahrscheinlich gar keine Hilfe. Also telefonierte Sabine mit Gregor Schwermann, der die Lage aufgrund unserer Beschreibung genau so einschätzte wie wir. Das Fohlen steckte im Geburtskanal fest und die Geburt ging nicht mehr weiter. Wir mussten handeln, denn sonst würde es gefährlich für Mutter und Fohlen werden.

Auf dem Seminar hatten wir mithilfe einer künstlichen Gebärmutter alle möglichen Fehllagen simuliert und ausprobiert. Aber das war nicht echt, dabei ging es um nichts. Nun aber stand beziehungsweise lag die eigene Stute vor uns. Das Fohlen war mittlerweile fast komplett mit dem Hals heraus, doch es ging nichts vo-

Herzlich willkommen im Leben

*Herzlich willkommen,
du kleines neues Wesen im Leben und auf dem Sternschnuppenhof.*

*Wir versprechen, dich und deine Bedürfnisse zu achten
und sie nach besten Möglichkeiten auch zu erfüllen.*

*Du sollst nie an Hunger oder Durst leiden, frieren oder in Krankheit
oder im Alter alleingelassen sein, ohne die notwendige Hilfe,
die Dir ein Leben ohne Schmerz und mit Trost möglich macht.*

*Wir werden versuchen, dich jeden Tag aufs Neue zu betrachten, um zu erkennen,
wie es dir gerade geht, denn kein Tag ist gleich und kein Tier gleicht einem anderen.*

*Wir versprechen, dich zu fördern und zu fordern im Rahmen
deiner Fähigkeiten und Möglichkeiten, damit du dich gut entwickeln kannst.*

Wir werden dich nicht zu etwas zwingen, indem wir dir Schmerzen zufügen oder dich anders bestrafen.

Lernen werden wir positiv verstärken, damit du mit Freude lernst.

Wir sind Menschen und machen bestimmt auch Fehler. Trage uns diese bitte nicht nach.

*Wir werden versuchen, sie zu erkennen und unser Tun und unser Wissen zu verändern und zu mehren,
damit wir im Vertrauen und in Freundschaft eine erfüllte Zeit miteinander verbringen können.*

Schön, dass du da bist und herzlich willkommen auf der Welt.

ran. Sabine zog sich die langen Handschuhe über, nahm jede Menge Gleitcreme und versuchte am Hals entlang über den Geburtskanal in die Gebärmutter zu gelangen um nach den Beinchen zu tasten und sie zu drehen. Sie schaffte es nicht, da sie Angst hatte etwas zu brechen oder dem Muttertier weh zu tun. Außerdem versuchte Muckefuck mit der nächsten Wehe wieder ihr Fohlen zu gebären und Sabine hatte nicht die Kraft, gegen die Wehe anzudrücken. In der Zwischenzeit hatte ich erneut Gregor am Telefon, der Sabines Scheitern mit den Worten kommentierte: „Ihr habt nichts zu verlieren Martin. Entweder du fast dir jetzt ein Herz und bist energisch oder ihr verliert eventuell beide Tiere. Versuche mal vorsichtig das Kleine wieder zurück zu schieben, dann hast du mehr Platz." Muckefuck ließ alles sehr ruhig im Liegen geschehen und beim zweiten Versuch gelang es mir dann tatsächlich, meine Gedanken auszuschalten und das Kleine wieder zurückzuschieben. Nun konnte ich tatsächlich bereits nach kurzer Zeit beide Beinchen ertasten und umklappen, denn sie waren nach hinten gerichtet. Den Kopf schob ich anschließend in die richtige Position und bereits zehn Minuten später war es geschafft. Casper war da. Ein gesunder kleiner Kerl, der schon nach einer halben Stunde auf seinen Beinchen stand und bald darauf das erste Mal trank. Sabine und ich lagen uns überglücklich in den Armen. Ich fühlte mich leer, müde, aber auch selten so glücklich.

Casper ist übrigens ein sehr zahmes Tier, das ich manchmal sogar streicheln darf und der immer zur Begrüßung kommt. Fast so, als wüsste er, was bei seiner Geburt passiert war. Mit dem oben stehenden Text begrüßen wir alle bei uns geborenen oder neu einziehenden Tiere, nicht nur die Alpakas.

Bild oben: Selten nehmen Mütter ihre Kinder nicht an, dann müssen die jungen Alpakas mit der Flasche aufgezogen werden.

Bild unten: Die Mutter und die Herdenmitglieder müssen die Crias prägen. Fotos © Nadine Malzkorn

Das erste halbe Jahr

Von entscheidender Bedeutung für eine richtige Prägung der Jungtiere sind die ersten Lebensmonate. Dabei sollten wir als Menschen eigentlich nur Beobachter sein. Du solltest so ein kleines Fohlen auf keinen Fall knuddeln und es dadurch zu sehr auf dich prägen, denn das würde sich mit dem Erwachsenwerden rächen. Ein fehlgeprägtes Alpaka kann für dich zu einer lebensgefährlichen Bedrohung werden. Gerade Hengste, die dich als Konkurrenten oder als Sexualpartner sehen, kann man durch verhaltensändernde Maßnahmen nicht mehr umlenken. Sie müssten letztendlich eingeschläfert werden.

Eine fehlgeprägte Stute ist zwar auch recht unangenehm, kann aber durch konsequentes Training noch im Verhalten reguliert werden. Du kannst dir sicher vorstellen wie froh wir waren, dass unser erstes Fohlen eine Stute war. Auch wenn du über die Gefahr einer Fehlprä-

Am schönsten ist es, wenn gleich mehrere Crias geboren werden, die miteinander spielen können. Foto © Nadine Malzkorn

gung weißt, ist es fast nicht möglich, das Fohlen ganz zu ignorieren. Durch ihre Neugier kommen die kleinen Andenkamele ja auch zu dir und ich bin mir sicher, dass jeder von uns Aponi auch mal kurz angefasst hat. Außerdem waren wir froh, dass alle unsere Fohlen von ihren Müttern direkt nach der Geburt angenommen wurden und sehr schnell an die „Milchbar" durften.

Ab auf die Weide

Nach einer kurzen Gewöhnungsphase, ohne dass sich die anderen Stuten dazwischen drängeln, darf die Mutter mit dem Fohlen zu den „Alpaka-Tanten", und das ist immer wie ein Familienfest. Das Fohlen wird von allen beschnuppert und begrüßt, die Atmosphäre ist dabei sehr harmonisch. Nach ungefähr zehn Tagen kommen die Fohlen bereits mit der Stutenherde auf die Tagesweide. Ein Halfter legen wir ihnen noch nicht an, sondern einen Strick mit einem Stopper um den Hals. Durch den Stopper kann sich der Strick nicht zuziehen.

Aufgepasst

Flaschenkinder aufzuziehen ist möglich, aber die Gefahr der falschen Prägung auf den Menschen ist höher.

Wusstest du, dass …

… so eine Fehlprägung ein Störungsphänomen ist, auch bekannt als das „Berserk Male Syndrome". Es wird allein von Menschen verursacht.

Jedes Fohlen wird nur von einer Person geführt, die sich so voll und ganz während der 200 Meter langen Wegstrecke auf das Kleine konzentrieren kann. Der vier Meter lange Strick lässt dem Alpakajungen genügend Freiraum zum Springen und Hüpfen. In unserem Fall ist der Strick wirklich sinnvoll, da ein Teil der Wegstrecke auf einer zwar wenig befahrenen Straße langführt, doch es kann auch dort mal ein Auto um die Ecke kommen und die Fohlen erschrecken. Am Strick können wir sie dann besser kontrollieren und vorsichtig wieder in die Nähe der Mütter holen. Für die kleinen Fohlen ist es wichtig, dass andere Tiere dabei sind, die auch noch den Alpaka-Kindergarten besuchen. Dies ist für das Erproben der Alpakasprache von großer Bedeutung. So lernen sie am besten spielerisch was später ernst wird. Mit ungefähr sechs Monaten beginnt dann bei uns die Ausbildung der Jungtiere.

Das Handling

Handling umschreibt alle Arbeiten am Tier, wie etwa das Halfter anlegen, Zähne kontrollieren, Nägel schneiden, Spritzen geben, Zustandskontrolle oder auch das Scheren. Beim Handling geht es also um Alltagsroutine, bei denen das Tier bestenfalls entspannt stehen oder liegen soll und weiß, dass ihm keine Gefahr droht. Auch wenn das Alpaka all dies wohl nie als angenehm empfinden wird, so kann es doch lernen, uns zu vertrauen. Um dieses Vertrauen zu erhalten, muss alles ganz in Ruhe ablaufen. Wir dürfen niemals hinter den Tieren herrennen, sie in eine Ecke drängen, uns auf die Alpakas werfen oder sie niederringen. Um ein vertrauensvolles Handling zu trainieren und die Tiere an die Routine zu gewöhnen ist es fast unabdingbar, dass wir auf der Weide einen abgegrenzten Bereich bauen, in dem wir alles was mit Handling zu tun hat, üben und am Tier vornehmen. Diese Box, auch Catch Pen oder Handling Pen genannt, sollte etwa 3 x 3 Meter groß sein. Bei uns ist der Bereich 5 x 3 Meter groß, aber wir haben auch viel Platz. Idealerweise haben wir unseren Catch Pen zwischen beiden Abendbereichen errichtet, so dass wir jeweils eine Gruppe aussperren können, um die andere in den Catch Pen zu treiben. Dadurch kann auch ein einzelnes Tier separiert und in den Pen getrieben werden, wenn das nötig ist. Der Sichtkontakt zur Herde bleibt auf jeden Fall bestehen.

Aufgepasst

Das Treiben der Tiere sollte immer sehr ruhig ablaufen, man sollte genau im richtigen Winkel zu den Alpakas stehen und es sollte in einem größeren Abstand erfolgen. Als verlängerten Arm kann dabei eine Gerte oder ein Bodenarbeitstick helfen.

Alltagsroutine üben im Catch-Pen

Im Catch-Pen kann man sich dem einzelnen Tier sehr gelassen annähern, ohne es aus seinem Gleichgewicht zu bringen. Die Tiere werden schließlich diesen Raum gerne betreten, denn durch das dauerhafte Üben der jeweiligen Tätigkeiten wissen sie, dass nichts Schlimmes passiert oder anschließend sogar etwas Positives beginnt.

Die Zähne müssen regelmäßig kontrolliert werden. Foto © Nadine Malzkorn

Das Halfter muss unten genügend Platz lassen und es darf nicht auf den Nasenknorpel drücken. Fotos © Nadine Malzkorn

Nach dem Halftern geht es in der Regel raus zu einem Training oder einem Spaziergang, es passiert also etwas, das sie gerne machen. In der ersten Zeit wird das junge Tier einfach nur mit in den Pen geholt, wenn mit den erwachsenen Tieren gearbeitet wird. So gewöhnt es sich schon an die Situation.

Die nächsten Schritte sind:

- Desensibilisieren auf verschiedene Gegenstände wie Gerte, Seil oder Fliegenklatsche. Die Tiere sollen dabei nach und nach lernen, ruhig stehen zu bleiben und die Berührung ohne Stress zu akzeptieren. Gerade die Beine sind meist besonders schwierig, aber sehr wichtig.
- Wenn die Berührungen gut akzeptiert werden, gehen wir dazu über mit der Hand zu desensibilisieren. Auch hierbei heißt es mit Geduld, Gelassenheit und Achtsamkeit vorzugehen und den Alpakas die Zeit zu geben, die sie benötigen, um uns zu verstehen und zu vertrauen.
- Schließlich kann man beginnen, die einzelnen Beine anzuheben und die Fußsohlen z. B. abzubürsten.
- Nach vielen Einheiten wird man dann meist ohne große Probleme die Nägel schneiden können, die Zehen auf Milbenbefall kontrollieren oder das Tier auf seinen Gewichtszustand hin abtasten zu können.

Halfter anlegen

Um ein Alpaka an das Halfter zu gewöhnen, halten wir es zunächst einmal nur vor das Tier. Es ist möglich, mit einem Leckerchen die Nase des Tieres hereinzulocken. Recht gut funktioniert außerdem die Methode, das Halfter vor die Nase zu halten und mit dem rechten Arm hinter den Hals auf die rechte Seite des Tieres zu gelangen. Dadurch dass der Arm hinten den Kopf stützt, kann die linke Hand das Halfter langsam über die Nase streichen und die rechte Hand kann, ohne das Alpaka groß zu berühren, den Verschlussriemen annehmen und auf die linke Seite führen. Nun kann das Tier schon nicht mehr entweichen und der Klippverschluss kann geschlossen werden. Alle unsere Tiere gehen nach kurzer Trainingszeit von alleine beim Hinhalten des Halfters mit der Nase durch den Nasenriemen und lassen das Halfter geduldig schließen. So können wir dann auch in aller Ruhe den richtigen Sitz kontrollieren. In der Ruhe liegt die Kraft.

Heinz beim Steigen.
Foto © Nadine Malzkorn

Das Training

Im Unterschied zum Handling geht es beim Training nicht um Alltagsroutine, sondern um das Einüben bestimmter Fähigkeiten, sei es das Laufen am Strick, was trainiert werden muss, eine Zirkuslektion wie etwa auf einem Podest stehen oder einen Teppich ausrollen, etwas apportieren oder auf den Hinterbeinen zu steigen. Dazu gehört auch ein Desensibilisieren bezüglich möglicher Alltagssituationen.

Der Schreckparcour

Oft bauen wir für unsere Tiere eine Art Schreckparcour auf mit engen Gassen, Flatterbändern, einer Holzbrücke oder einer Wippe und unterschiedlichen Bodenuntergründen. Alles was die Alpakas im Training erlebt und gelernt haben, erschreckt sie im Alltag nicht mehr oder nicht so sehr. Auch hierbei gilt es, die Tiere ruhig und planvoll an die Aufgaben heranzuführen und das Trainingsziel in Teilschritten aufzuteilen. Beim Durchqueren eines Tores mit bunten Flatterbändern geht man beispielsweise erst einmal mit dem Tier drum herum und damit es sich das Ganze anschauen kann. So kann man auch gleich die Reaktion des Alpakas auf das Unbekannte einschätzen.

Als Zwischenschritt können die Bänder zunächst auf beiden Seiten festgebunden werden, sodass der Durchgang frei ist, um dann mit dem Alpaka durchzulaufen. Nach und nach werden dann einzelne Bänder heruntergenommen bis schließlich alle runterhängen. Zum Schluss kann man mit dem Alpaka im Hindernis stehen bleiben und ihm dort über Leckerchen eine Komfortzone einrichten.

„Was bringt das im Alltag?", wirst du dich vielleicht fragen. Stell dir vor, du gehst mit dem Alpaka am Siloballen vorbei und die Kunststofffolie flattert oder du musst an einem festlich geschmückten Haus mit bunten Ballons vorbeilaufen. Die Situation mit den aufgehängten bunten Bändern kommt dem Alltagsgeschehen ziemlich nah, oder?

Das Führtraining

Um mit Alpakas Wanderungen anzubieten, muss das Führen der Tiere sehr gut eingeübt werden. Aber nicht nur die Tiere müssen trainiert werden, sondern auch die Menschen, die mit den Tieren wandern möchten. Auch wenn ein Tier perfekt wandern kann, gehören zu dem Mensch-Tier-Team immer zwei. Wir üben mit Kindern, bevor wir ihnen ein Alpaka anvertrauen, erst einmal das Führen untereinander. Dabei spielt jedes Kind mal das Alpaka und mal den Alpakaführer. Das „Alpaka" darf sich dann auch mal bockig verhalten, fressen wollen oder ängstlich sein. Die Kinder lernen dabei, achtsam zu sein und den Partner am anderen Ende des Strickes nicht zu überfordern, zu ziehen und aus der Balance zu bringen oder gar mit ruckartigen Bewegungen im schlimmsten Fall zu verletzen.

Wusstest du, dass ...

... ein Alpaka wie der Mensch auch sieben Halswirbel hat? Ein starker Ruck am Halfter kann zu wirklich schweren Verletzungen führen. Also bitte niemals mit Ruck führen!

Die Zwei-Finger-Technik

Wir zeigen allen Gästen – Kindern und Erwachsenen – in der Einweisung zur Wanderung die „Zwei-Finger-Technik". Das Alpaka möchte nämlich am liebsten am durchhängenden Strick wandern. Was es außerdem immer mag, und zwar zu jeder Zeit, ist fressen. Die Tiere sind sehr pfiffig und versuchen natürlich ihre menschlichen Partner zu testen. Kann ich machen was ich möchte oder bestimmt der Mensch die Fresspause? Wenn das Alpaka sich selbst als dominant erfährt, wird es unterwegs fressen, wo es mag. Was aber machst du, damit es dich als „Chef" auf der Wanderung akzeptiert? Ziehen geht nicht, Rucken geht gar nicht und frustriert Aufgeben ist ebenfalls keine Option. Die Zauberformel heißt „Zwei-Finger-Technik".

So funktioniert das Führen:

- Du fasst den Strick ca. 50 cm vom Kopf des Tieres entfernt mit nur zwei Fingern. Das Ende des Strickes hältst du locker mit der anderen Hand fest.
- Nun gehst du los. Sollte das Alpaka nicht mitgehen, bringe den Strick kurz auf minimale Spannung ohne zu ziehen und lass wieder locker.
- Wiederhole das Ganze so lange, bis das Alpaka die Richtung annimmt, die du ihm vorgibst. Manchmal dauert es eine Weile, bis das Tier mitmacht, aber es funktioniert immer. Der Moment in dem der Strick auf Spannung ist, empfinden die Tiere als unangenehm, den Moment des durchhängenden Führstrickes als angenehm. So lernen sie also sehr schnell, dass das Folgen angenehmer ist und werden daher genau dieses Verhalten zeigen.

Verschiedene Parcourelemente. Fotos © Nadine Malzkorn

Warum nur mit zwei Fingern führen, wirst du dich vielleicht fragen.

Mit zwei Fingern kannst du gar nicht in die Versuchung kommen zu zerren, reißen oder rucken. Du hast

eine viel feinfühligere Verbindung zwischen dem Tier und dir geschaffen. Die Zwei-Finger-Technik funktioniert natürlich auch dann, wenn du das Alpaka vom Grasen abhalten möchtest. Es gelingt uns sogar, die Esel und unser Pferd nur mit zwei Fingern zu führen, und das sind andere Gewichtsklassen als die Alpakas. Achtsamkeit und Respekt sind die wichtigen Grundlagen beim Tiertraining.

Schlüssel zum Erfolg

Wissenschaftliche Erklärungen von Martin

Jetzt wird es etwas wissenschaftlich, aber wenn du dich für das Training von Alpakas interessierst und die Alpakahaltung von Grund auf lernen willst, dann solltest du dieses Kapitel nicht überblättern.
Die folgenden Überlegungen mögen vielleicht etwas theoretisch sein, aber sie sind Schlüssel zum Erfolg im Tiertraining. Ich habe für dieses Kapitel Teile eines Referates zusammengestellt, das ich zum Thema „Positive Verstärkung" geschrieben habe.

Training mit positiver Verstärkung

Wir arbeiten in der Ausbildung unserer Tiere nur mit positiver Verstärkung. Darunter ist all das zu verstehen, was in Verbindung mit einer Handlung dazu beiträgt, dass sich die Wahrscheinlichkeit erhöht, dass sich eine solche Handlung wiederholt – kurz ausgedrückt:

Verhalten wird durch seine Konsequenzen bestimmt

Bei allem Lernen durch Konsequenzen unterscheidet die Wissenschaft zwei Typen von Konsequenzen die ein Verhalten beeinflussen, zum einen die verstärkenden und zum anderen die bestrafenden. Beide werden dann

Positiver Verstärker	=	**etwas Angenehmes wird hinzugefügt**
Negativer Verstärker	=	**etwas Unangenehmes wird weggenommen**
Positive Strafe	=	**etwas Unangenehmes wird hinzugefügt**
Negative Strafe	=	**etwas Angenehmes wird weggenommen**

noch in positive und negative Konsequenzen unterschieden. Die Begriffe positiv und negativ haben in diesem Kontext keine Bedeutung, ob etwas als angenehm oder unangenehm empfunden wird, sondern lediglich, ob etwas zugefügt oder weggenommen wird.

Von entscheidender Bedeutung im Vergleich der Konsequenzen ist: Strafe, egal ob positive oder negative, bezieht sich immer auf ein vergangenes, ja oft lange vergangenes Verhalten und kann zukünftiges Verhalten beeinflussen oder auch nicht. Bestärkung, die zeitlich korrekt angewendet wird, verändert ein Verhalten spontan.

Primäre und sekundäre Verstärker

Es gibt primäre und sekundäre Verstärker. Primär positiv sind alle Verstärker, die das jeweilige Lebewesen von Natur aus als angenehm empfindet: Nahrung, Wasser, Sozialkontakt, ein Unterschlupf und was sonst noch zum Überleben nötig ist. Das könnte bei einem Hund noch die Jagd und das Ausleeren des Mülleimers und bei einem Alpaka das Wälzen im Staubbad sein.

Primäre Verstärker müssen nicht erlernt werden. Sie sind angeboren und können sich bei geplantem und gut getimtem Einsatz hervorragend als Verhaltensverstärker nutzen lassen. Gemeint ist hierbei nicht nur die Belohnung über Futter, die wohl naheliegendste Bestärkung, es sollte individuell geschaut werden, was die richtige Belohnung sein könnte. Ein Hütehund wird beispielsweise eher durch einen Ball oder ein Frisbeespiel bestärkt werden, als ein Neufundländer, für den Wasser das Größte darstellt. Je gezielter man die geliebten Eigenarten und Alltagssituationen beim Training nutzt, umso effektiver kann man es gestalten.

Ein sekundärer Verstärker kündigt den primären Verstärker an. Auch wenn er dem primären Verstärker vorgeschaltet wird, ist dabei der primäre der, auf den es letztendlich ankommt. Ein sekundärer Verstärker sollte gut wahrnehmbar, kurz und knapp sowie gleichbleibend sein. Ein typisches Beispiel wäre der Clicker, eine Pfeife, aber auch ein lobendes Wort, eine Bewegung, das Licht einer Taschenlampe oder eine Berührung. All dies kann zu Sekundärverstärkern werden, wenn es entsprechend antrainiert wurde.

Wozu sekundäre Verstärker gut sind

Das meiste von dem was ein Lebewesen lernen soll, kann über primäre Verstärker trainiert werden. Wenn der Trainer oder die Trainerin ihr Metier beherrscht. Aber genau da liegt das Problem. Denn im richtigen Moment zu bestätigen, ist eine wahre Kunst. In der Wissenschaft kann unter Laborbedingungen ohne Reizablenkung konditioniert werden. Dies ist aber im Alltag nicht möglich. Lebewesen lernen immer kontextbezogen. Das heißt, alles was das Tier in dem Moment riecht, hört, sieht, in dem er eine Konsequenz auf sein Verhalten erfährt, wird in die Situation mit einbezogen und kann das Verhalten beeinflussen.

Sekundäre Verstärker sind eine gute Möglichkeit, das spontane, gewünschte Verhalten unmittelbar zu bestätigen, quasi wie ein Markersignal. Weitere Vorteile sind verbesserte Konzentrationen beim Trainer und beim Tier und auch die Übertragbarkeit. Dadurch dass ein Clicker oder eine Pfeife immer gleich klingen, kann der sekundäre Verstärker auch durch einen anderen Menschen bestätigt werden und ich kann mich voll auf das Tier konzentrieren.

Clickertraining

Für jeden möglichen sekundären Verstärker kann man einen Clicker antrainieren. Sekundäre Verstärker müssen klassisch aufkonditioniert werden.

Zunächst einmal ist das Knacken nicht mehr als ein Geräusch, das als unangenehm oder gleichgültig empfunden wird. Ohne Reizverknüpfung würde das Tier das Geräusch bei häufigem Auftreten nicht mehr wahrnehmen.

Aber jetzt kommt Iwan Petrowitsch Pawlow ins Spiel. Ein sekundärer Verstärker wird zunächst einmal nach den Regeln der klassischen Konditionierung reizverknüpft. Das bedeutet, dass dem Markersignal, also dem Klick, unmittelbar der primäre Verstärker folgen muss. Bei Verstärkung über Leckerchen sollten diese besonders gut sein, damit nach der Gesetzmäßigkeit der klassischen Konditionierung schnell ein positives Gefühl aufgebaut wird. Sobald der Clicker ankonditioniert wurde, kann es auch schon losgehen mit dem Training. Das Tier wird bald erkennen, dass es selber Einfluss darauf hat, wann die Bestärkung kommt und im Laufe der Arbeit sehr kreativ und selbständig werden. Das Training verläuft so immer in einer entspannten und angstfreien Atmosphäre und macht sowohl den Tieren wie auch mir als Trainer sehr viel Spaß.

Hilfreiches Tool für wenig Geld im gut sortierten Tierbedarfsgeschäft erhältlich: Ein sogenannter Target Stick mit Clicker-Taste, ausziehbar von 14–65 cm, mit gleichbleibendem Ton.

Produktfoto © TRIXIE

Echt interessant

Kennst du Iwan Petrowitsch Pawlow? Bestimmt hast du in der Schule schon mal von ihm gehört. Er hat von 1849 bis 1936 in Russland gelebt und war Mediziner und Physiologe. Er hat als einer der ersten über Konditionierung geforscht. Sein Pawlow´scher Hundeversuch ist sehr bekannt.

Wer berührt als erstes mit der Nase den Target-Stick? Natürlich Heinz.
Fotos © Nadine Malzkorn

Unsere Alpakas verstehen sich gut mit den Hunden. Fotos © Nadine Malzkorn

Das Alpaka wird älter

Nach all den Stationen im Leben eines Alpakas möchten wir noch einige Überlegungen zu einem unvermeidlichen Thema anstellen: dem Tod. Unsere ältesten Tiere sind nun zehn Jahre alt und haben mit großer Wahrscheinlichkeit noch einige schöne Jahre ihres Lebens bei uns vor sich. Wir wissen jedoch, dass auch hier das Unvermeidliche irgendwann eintreffen wird. Im Laufe der vergangenen Jahre mussten wir viele Tiere gehen lassen. Gerade bei unseren Hunden Fluse, 16 Jahre, Merle, 17 Jahre und erst vor drei Monaten Barlin, auch 16 Jahre alt, fiel uns der Abschied sehr schwer und alle fehlen uns jeden Tags aufs Neue, denn sie waren Teil der Familie.

Unsere Alpakas sind nicht ganz so eng an die Familie angebunden, immerhin sind sie Distanztiere, aber wir mögen jedes einzelne und wissen, dass es am Ende ihres Lebens zu schweren Entscheidungen kommen kann. Diese müssen und werden aber immer im Sinne des Tierwohls in Absprache mit den Ärzten unseres Vertrauens getroffen.

Was macht man, um von einem Großtier Abschied zu nehmen? Unsere Hunde haben wir einäschern lassen und in einer Bilderurne bei uns behalten. Bei einem Großtier wäre dies auch möglich. Wir haben auf einer Pferdemesse mal an einem Stand eines Tierbestatters aus München Preise erfragt und nach unserem jetzigen Wissensstand muss man bei einer Einzeleinäscherung, bei der man die Asche zurückbekommt, mit ca. 400 Euro rechnen. Das Tier muss dabei selber hingebracht werden. Üblicherweise wird ein Großtier vom Tierkadaverbeseitigungsdienst abgeholt, was einen würdigen Abschied in Form einer bleibenden positiven Erinnerung fast unmöglich macht. Aber auch hier lassen sich Möglichkeiten finden, den Abschluss tröstlich zu gestalten. Als eine bleibende Erinnerung kann man aus Fasern ein Schmuckstück anfertigen lassen oder einen Fußabdruck in Gips machen.

Eine Bekannte, die einen Gnadenhof leitet und oft mit dem Thema Abschied konfrontiert wird, deckt die Tiere zur Abholung immer mit einem Baumwolltuch zu. Abends wird diese Decke dann im Kreise der Familie am Lagerfeuer verbrannt und es wird Abschied genommen. Dies, so finden wir, ist auch ein wunderschönes Ritual.

Habt eine schöne Zeit mit euren Tieren, egal welche Tierart es ist, und genießt jeden Moment!

Endloses Vertrauen – was bleibt ist irgendwann die schöne Erinnerung. Foto © Nadine Malzkorn

Foto © Nadine Malzkorn

Martin Sbosny-Wollmann und Sabine Wollmann

leben auf dem Sternschnuppenhof gemeinsam mit Kindern als sozialpädagogische Lebensgemeinschaft. Ein Schwerpunkt ihrer Arbeit ist die Tiergestützte Pädagogik. Seit zehn Jahren werden sie von Alpakas bei ihrer pädagogischen Arbeit unterstützt.

Martin Sbosny-Wollmann ist staatlich anerkannter Jugend- und Heimerzieher, Theaterpädagoge, Entspannungspädagoge und Fachkraft für tiergestützte Intervention.

Sabine Wollmann ist staatlich anerkannte Erzieherin, B.A. Soziale Arbeit und Trauma-Pädagogin.

Danke

Wir danken unseren Freunden und unserer Familie, vor allem unseren Söhnen Timo und Jascha, die unsere verrückten Ideen und Einfälle unterstützen und immer für uns da sind.

Ein Dankeschön geht auch an unsere jetzigen und ehemaligen Praktikanten, vor allem an Pia für die Origami-Alpakas und an Jacky, die seit Jahren uns und unsere Tiere begleitet. Ich erinnere nur an „wie ein gemachtes Bett". Jana und Tobi, unser bewährtes Scherteam, danke für den Spaß an den oft stressigen Tagen. Gregor, Marianne und Timo danken wir für ihre Gastfreundlichkeit mit vielen wundervollen, fachlichen und lustigen Gesprächen und den immer leckeren Kuchen.

Und dann sind da noch die gerade bei uns lebenden Kinder, sie mussten in letzter Zeit oft den Satz hören „wenn das Buch fertig ist". Ihr seid super!

Natürlich danken wir auch dem ganzen Cadmos Verlag, allen voran Brigitte Millán-Ruiz, die uns die Möglichkeit eröffnet hat, dieses Buch zu schreiben und unserer Lektorin Christine Weidenweber, die uns bei unserem ersten Buch sehr unterstützt hat, sowie der Grafikerin Gerlinde Gröll und der Fotografin Nadine Malzkorn.

Und ein Riesendankeschön geht natürlich an unsere wunderbaren Tiere, die uns immer wieder zum Weiterlernen und Beobachten, aber auch zum Entspannen bringen.

Martin
Sabine

Nützliche Adressen

www.sternschnuppenhof.de	Wanderungen, Kindergeburtstage, Clicker und Antischreck-Kurse info@sternschnuppenhof.de; der Sternschnuppenhof ist auch auf Instagram und Facebook zu finden
www.schwermann-alpaka.de	Die Züchter, die uns beim Aufbau unserer kleinen Herde immer unterstützt haben: Zucht, Schertisch, Behandlungsstand
www.nwk-verein.de	Verein der Züchter, Halter und Freunde von Neuweltkameliden e.V.
www.nwk-akademie.de	Bieten Fortbildungen rund um das Thema Lamas und Alpakas an
www.lernen-mit-tieren.de	Berufsbegleitende Weiterbildung zur Fachkraft für Tiergestützte Intervention – hier hat Martin seine Weiterbildung gemacht
www.aatla.de	AATLA-Weiterbildung „Tiergestützte Fördermaßnahmen, tiergestützte Pädagogik und tiergestützte Therapie mit Lamas und Alpakas"
www.tierarzt-erbing.de	Unser Tierärzte-Team
www.uni-giessen.de www.tiho-hannover.de	Die Kliniken, die für uns regional am besten zu erreichen sind
www.trixie.de/heimtierbedarf	Hier bekommst du den Target-Stick von Seite 90 und andere Hilfsmittel z.B. für's Clickertraining

Zum Weiterlesen:

- „Neuweltkameliden: Haltung, Zucht, Erkrankungen" von Matthias Gauly
- „Das Kameliden Kompendium" von Marty McGee Bennett, deutsche Übers. Sibylle Klasing-Mann
- Die Bücher aus dem www.nwk-shop.de
- „Alpakas & Lamas: Begleiter aus der neuen Welt" von Johanna Czerny
- „Camillo & Co.: Ein Alpaka-Abenteuer" von Antonia Quirl und Silvia Claßen
- „Freizeitspaß mit Lamas und Alpakas" von Claudia Ade
- „Lamas und Alpakas in der pädagogischen Förderung von Kindern und Jugendlichen" von Cosima Boyle
- „Warum Alpakas" von Angelika Freitag
- „Leidenschaft Alpaka - Haltung, Zucht und Shows" von Robin Näsemann
- „Lamas und Alpakas - Haltung, Zucht und Nutzungsformen" von Gerhard Rappersberger
- „Jason, das Alpakafohlen" von Marion Irene Zeeck

Auflösungen des Alpaka-Führerscheins von Seite 56

Alpakas

... sind **Fluchttiere** ... leben gerne als **Herdentier** ... fressen gerne **Heu** und **Gras**
... kommen ursprünglich aus **Südamerika** (unsere Alpakas kommen aber aus dem **Sauerland**)

Fragen die du beantworten musst:

Wie alt können Alpakas werden? **Zwischen 20 und 25 Jahre**
Wie heißen die Babys der Alpakas? **Fohlen oder Cria**
Dürfen Alpakas außer ihrem Hauptfutter auch etwas anderes fressen und wenn was?
Kräuter wie Löwenzahn, selten ein bisschen Müsli
Wie heißen die männlichen Tiere? **Hengste oder Machos, Wallache**
Wie heißen die weiblichen Tiere? **Stuten oder Hembras**
Können Alpakas geritten werden? **Nein, auf keinen Fall**
Spucken Alpakas? **Ja**
Mögen Alpakas es, gestreichelt zu werden? **Nein**